浙江

生态观赏植物新品种

主编 ◎ 高洪娣　樊民亮　严晓素

中国林业出版社
China Forestry Publishing House

图书在版编目（CIP）数据

浙江生态观赏植物新品种 ／ 高洪娣，樊民亮，严晓素主编 .
-- 北京 ： 中国林业出版社，2024. 10.
ISBN 978-7-5219-2948-5

Ⅰ. S68

中国国家版本馆 CIP 数据核字第 2024FX1455 号

责任编辑　张健　于界芬

出版发行　中国林业出版社（100009，北京市西城区刘海胡同 7 号，电话 010-83143542）
电子邮箱　cfphzbs@163.com
网　　址　https://www.cfph.net
印　　刷　北京博海升彩色印刷有限公司
版　　次　2024 年 10 月第 1 版
印　　次　2024 年 10 月第 1 次印刷
开　　本　787mm×1092mm　1/16
印　　张　13.5
字　　数　290 千字
定　　价　118.00 元

浙江生态观赏植物新品种

编 委 会

主　编　高洪娣　樊民亮　严晓素

副主编　方炎杰　毛华英　朱春艳　王尼慧

编　委　（以姓氏笔画为序）

王　晶　　王开良　　王开荣　　王依纯　　王建军　　方永根

石从广　　申亚梅　　冯博杰　　朱王微　　刘　军　　刘丹丹

许　澄　　李　赟　　李因刚　　杨　旭　　杨少宗　　肖　政

吴月燕　　邱　帅　　余琼芳　　沈柏春　　沈鸿明　　陈　哲

陈红星　　陈卓梅　　陈周一琪　邵文豪　　范正棋　　练发良

赵宏波　　胡文翠　　胡绍庆　　俞佳骏　　姜友开　　祝志勇

莫亚鹰　　倪　穗　　徐　阳　　陶　晶　　曹件生　　龚榜初

章建红　　梁子安　　喻卫武　　谢文远　　赖玖鑫　　鲍　健

浙江生态观赏植物新品种

前　言

　　浙江"七山一水两分田"，森林面积9000多万亩，森林覆盖率60.91%。森林是水库、钱库、粮库、碳库，在绿色发展、乡村振兴、生态保护和高质量发展中发挥着重要作用。浙江作为习近平生态文明思想的重要萌发地和率先实践地，生态好不好、质量高不高、景观美不美，事关森林浙江目标实现，事关经济社会发展大局，事关生态文明和美丽浙江建设。

　　党的十八大以来，以习近平总书记为核心的党中央高度重视生态文明建设工作，从中华民族永续发展的高度出发，深刻揭示了人与自然发展的客观规律，为推进人与自然和谐共生的现代化作出重大决策部署。当前，我国生态文明建设进入高质量发展阶段，立足我国生态环境的特点，加快推进人与自然和谐共生，要求我们牢固树立尊重自然、顺应自然、保护自然的理念，加大自然生态系统和环境保护力度，实施重大生态修复工程。

　　近年来，浙江省以打造林业现代化先行省为目标，坚持绿化扩面与提质并重，注重调结构、优品种、增色彩、美景观，着力推进全省千万亩森林质量精准提升工程和开展森林增彩、生态共富等五大行动，进一步优化森林结构，做大做强木本粮油、竹木制造、花卉苗木、林下经济、森林康养等产业，推动森林系统更稳定、功能更强大、景观更优美，满足人们对森林经济、生态、文化等多种功能的需求。这些都离不开大量优新品种。

　　浙江省林业种业创新一直走在全国前列，特别是植物新品种申请量、授权量均保持稳中有升的态势。截至 2023 年年底，浙江省累计获授权林草植物新品种 45 属（种）462 件。其中，杜鹃花、紫薇、茶花、桂花、梅花、乌桕、香榧等授权新品种总量均居全国前列，新品种在彩色森林、生态廊道、美丽乡村建设等领域也得到了广泛应用。

　　为了更好地展现近年来浙江省植物新品种在全省绿化美化工作和生态景观方面的应用效果，本书收录了浙江省生态观赏植物新品种 35 属（种）207 件，着重介绍了新品种的生物学特性、生态观赏价值、资源分布、品种创新、栽培管理和推广应用等情况，以期能为国土绿化、生态景观、产业发展、园林设计、美丽乡村、家庭园艺、森林康养等方面提供借鉴参考，使优良观赏新品种在发展现代林业、建设生态文明、推动科学发展中发挥更大作用。

　　在编写过程中，承蒙品种权人、培育人鼎力相助，获得了授权新品种的相关资料及珍贵图片，在此表示衷心感谢！编写过程中虽力求资料完整准确，但因时间短，仓促中难免有疏漏之处，敬请各位专家、学者批评指正。

编者

2024 年 8 月

目 录

第一部分

绪　论

第一章 植物新品种保护制度

一、国际植物新品种保护制度历史演变

农是社稷之本，自古以来都受到高度重视，品种从来都是种植业的核心生产要素。在近一二百年农林业和科技发展中，品种、肥料、农药及灌溉等技术为产业生产发挥了重要作用，其中以品种的作用最为巨大，据估算新品种的应用在提高作物产量方面占40%，使植物的产量更高，具有更强的抗病虫害和抗逆能力、更高的投入效率、更好的收成和作物质量，以及更好地进入国内和国际市场。以新品种和改良品种的形式提供给农民，然后这些新品种又给消费者和整个社会带来好处，促使优质食品的成本降低、土地利用效率提高、储存品质得到改善和植物产品多样化，推动社会的经济发展。

（一）保护制度的由来

植物新品种权亦称为育种者权利。植物新品种作为有生命并具有自我复制能力的发明，保护制度起源于国外，经历近百年的发展形成了两种制度：植物新品种保护和植物专利保护，目前大多数国家采用品种权保护；美国等部分国家采用自由选择方式，可以采用植物专利或植物新品种的单重保护，也可以选择双重保护。目前《国际植物新品种保护公约》（以下简称 UPOV 公约）是世界上最主要的植物新品种保护制度，是由政府间的一个国际组织——国际植物新品种保护联盟（简称 UPOV，International Union For The Protection Of New Varieties Of Plants）建立的，总部设在日内瓦，旨在提供和促进一个有效的植物品种保护系统，鼓励植物新品种的开发，造福社会。《UPOV 公约》要求，各成员国给予植物新品种的保护方式可以采用《UPOV 公约》规定的专门方式，也可以采用专利的方式。目前，虽然各国对生产植物品种的方法均给予专利保护，但是对于植物品种本身，多数国家或国际组织采用植物专门法的形式给予保护。

1992 年，《生物多样性公约》在联合国环境发展大会上缔结，把保护范围从单纯的植物扩大到了所有的生物，并有法律上的约束力，是迄今为止生物多样性保护与可持续

发展方面最突出的成果。《UPOV 公约》通过由公约缔约国组成植物新品种保护联盟确认和保护了植物新品种育种者的权利，并形成了当代国际植物知识产权保护体系的基础。目前《生物多样性公约》已经有 196 个缔约国，在世界范围内得到了广泛的承认，国际合作共同保护人类生物资源的步伐不断稳步前进。

早期植物育种主要靠经验选择，选种过程是在自然决定的基础上再进行人为选择。选择育种只能停留在根据植物现有的自然变异来选择优株，改良现有品种，而不能创造出新的基因型。因此，选择育种形成的新的植物品种主要是"自然产物"，不是人们主观育种过程所形成的智力活动成果。限于当时的育种技术理论和条件，无法为育种者科学评判其在植物新品种中的智力活动。随着新技术发展，直到"作物育种从 20 世纪 20~30 年代开始摆脱主要凭经验和技巧的初级状态，逐渐发展为具有系统理论和科学方法的一门应用科学"，育种人从事的"创造"植物新品种的活动才被科学证实并获得社会承认。育种技术及其相关产业的发展，使得美国、法国、英国、德国、荷兰等国家先后开始探索如何为当时条件下的"植物发明"提供法律保护，用于激励育种创新活动。

（二）国际植物新品种保护制度变化过程

从国外发展历程来看，植物新品种保护主要分为 2 个不同阶段，即《UPOV 公约》前时代和《UPOV 公约》时代，《UPOV 公约》时代又可以按照不同版本细分为传统育种与生物育种时代，它们具有不同的保护模式。

1.《UPOV 公约》前时代

国际上没有通用的标准和约定前，美国和欧洲国家分别单独开展品种权保护工作。有两大标志性事件对植物新品种保护制度产生了巨大影响，分别是 1930 年美国颁布实施《美国植物专利法》（The Plant Patent Act），1961 年欧洲国家创立《UPOV 公约》。

1930 年美国创立了世界上第一个授予植物育种者以植物专利的立法《美国植物专利法》，从法律上正式承认育种者的品种创新等同于工业领域的发明创造一样，可以获得国家的专门保护，但是《美国植物专利法》仅为"发明或发现并以无性方式繁殖任何显著而新颖的植物品种者，包括培育芽变、变异体、杂种，以及新发现秧苗者，但不包括茎块培育的植物和未培育状态下发现的植物"，提供植物专利保护。因为"无性繁殖在当时被认为是保持植物纯种的唯一方法"，并且美国当时的苗圃业和种子产业对各自产业利益作出不同的立法选择。植物专利是美国所独有的知识产权保护形式，其他国家没有效仿。

同时期欧洲的一些国家，也积极探索如何保护本国的植物育种创新。法国 1883 年先后通过了《法国专科植物保护法》，实行检测和登记、颁布植物培育品种目录，以及采取登记与销售结合或者登记与专利保护结合等形式，对其进行保护。荷兰、德国、英国等分别形成了基本以法国相关做法为基础的，不同于美国植物专利保护体系的植物育种创新保护机制。接近 30 年的探索后，1961 年，比利时、法国、德国、荷兰、意大利、丹麦、英国和瑞典等欧洲国家分别签署了《UPOV 公约》，选择在专利制度以外，创建专门的植物新品种保护制度。《UPOV 公约》于 1968 年 8 月 10 日经德国批准后生效。《UPOV 公约》下的植物新品种保护制度，是起源于种子管理措施又独立于种子管理措施的知识产权保护制度，它充分考虑了植物育种技术和育种成果的特殊性，也考虑了育种创新激励的必要性。美国随后引进该项制度，于 1970 年通过《美国植物品种保护法》，为有性繁殖或茎块繁殖的植物新品种提供品种证书的保护。

2.《UPOV 公约》时代

（1）《UPOV 公约》（1961 版）到《UPOV 公约》（1978 版）时代

20 世纪 60 年代以来，随着科学技术的迅速发展，尤其是由水稻、小麦的矮化和抗病虫育种所引起的"第一次绿色革命"，不仅极大地推动了世界农业的发展，而且有力地"促进了作物育种学的发展"，国际上为植物育种创新提供专门保护的需求日益强烈。自《UPOV 公约》缔结以来，《UPOV 公约》下的植物新品种保护制度成为当时主要先进国家用以保护植物育种创新的专门知识产权制度。《UPOV 公约》至今进行了 3 次修订：1972 年修订主要是针对财务、会费和理事会投票规则的程序性事项；1978 年和 1991 年则是两次具有实质性意义的修订。3 次修订分别形成了 3 个文本，即《UPOV 公约》（1961/1972 版），《UPOV 公约》（1978 版）和《UPOV 公约》（1991 版），分别代表了在不同育种技术主导下《UPOV 公约》的发展阶段。

总的来说，这 3 个文本都属于以选择和杂交为主的传统育种技术下的植物新品种保护阶段。其中《UPOV 公约》（1961/1972 版）代表的是植物新品种保护制度的初步形成阶段，《UPOV 公约》（1978 版）代表的是植物新品种保护制度在全球范围得到普遍认同的相对完善阶段。尽管在《UPOV 公约》缔结后的一段时间内，由于优良品种的选育以及农药和农业机械的辅助，世界上主要农作物单产得到了极大的提高，育种创新成果也获得普遍认同，但对于如何保护植物育种创新成果的认识还处于初级阶段。比如《UPOV 公约》（1961/1972 版）认为品种权保护客体（植物品种）是指具备一致性和稳定性的栽培品种，包括无性系、品系、类或杂交种；在保护方式上也尚未理清专利和品种权（育种者权）之间的关系，因此还将《UPOV 公约》与《保护工业产权巴黎公约》（以下简称《巴黎公约》）建立某种联系。1978 年前批准或者加入《UPOV 公约》的国家，除南非外，其余均为欧洲国家。《UPOV 公约》（1978 版）没有对繁殖材料进行定义，根据注释，任何可用于繁殖该品种的植物及其部分被视为繁殖材料。UPOV 声明繁殖材料不仅限于种子。

《UPOV 公约》（1978 版）的出台，一方面促进了更多国家（尤其是美国）的加入；另一方面也系统地完善了植物新品种保护制度的基本内容。《UPOV 公约》（1978 版）增加了双重保护禁止的例外规则，删除了"品种"定义，但增加了植物新品种保护的新颖性和稳定性要求，明确了以植物表型特征作为申请品种是否具备特异性、一致性和稳定性的判断要素，确定了 DUS 测试在植物新品种保护中的基础性地位，删除了《UPOV 公约》与《巴黎公约》间的制度安排，使《UPOV 公约》成为一个独立的国际组织，独立成为具有全球影响的"现有国际植物新品种保护联盟植物新品种保护体系的基础"。《UPOV 公约》（1978 版）所进行的上述修订，都以当时对育种技术和育种成果（品种）的科学认识为前提，对植物新品种的判断以植物表型特征作为基础尚未深入到基因层面，制度设计主要针对一国范围内的统一市场。

（2）《UPOV 公约》（1991 版）时代

20 世纪中叶以来，分子生物学的快速发展催生的很多新育种技术，大大突破了传统育种技术的种种局限，突破了物种之间的界限，进行基因的定向转移、配合和重组，删除不良性状的基因，增加优良性状，从而极大地拓宽了种质资源及杂种优势的利用，可以提高育种的目标性，并大大缩短育种周期，创造更适合农业需求的新品种、新材料，甚至可以创造出前所未有的新物种，使育种工作更精确、更高效、更可控且可预见。尤其是随着生物技术的研究与产业化的快速发展，农林产品普遍的国际贸易化，《UPOV 公约》（1978 版）下的植物新品种保护制度挑战前所未有。主要包括两个方面：一是专利保护客体范围的不断拓展挤压着植物新品种保护制度的生存空间。像欧洲专利局分别通过的 1983 年 Ciba-Geigy 案和 1988 年 Lubrizol 案确立了繁殖材料和杂交植物可以获得专利保护；美国专利商标局专利上诉与干涉委员会 1985 年也给予包含高色氨酸的玉米植株可以获得专利保护的权利，1986 年就授予了 17 项专利。与植物新品种保护制度相比，专利保护没有规定农民留种例外，是一种法律效力更强并获得普遍认同的创新保护方式。二是《UPOV 公约》（1978 版）难以有效保护全球贸易的农产品。《UPOV 公约》（1978 版）实行植物新品种保护名录且品种权保护力度弱。植物品种保护名录的设置和品种权行使环节过少，某种程度上为跨国性的植物新品种侵权行为留下空间。另外，《UPOV 公约》（1978 版）无法有效激励生物技术背景下的原始育种创新。《UPOV 公约》（1978 版）奉行品种权独立原则，难以阻止修饰性育种对原始品种的免费利用，潜在地使植物新品种保护制度丧失了激励原始育种创新的制度功能。《UPOV 公约》《欧盟植物品种保护条例》以及美国植物专利、植物新品种保护，在表达上虽有所差异，但其核心内容基本是相同的。

唯有实现突破性变革才能应对来自专利制度扩展、生物技术发展以及农产品全球贸易日益普遍所带来的挑战。所以 1987 年 UPOV 理事会着手修订公约，终于在 1991 年颁布了《UPOV 公约》（1991 版）。主要变化：一是废除植物品种保护名录，要求成员为所有植物种或属提供保护，避免不同国家不同保护名录为跨国品种权侵权行为留下空间。二是利用新技术证明，从分子生物学角度明确品种权保护的客体"植物品种"的含义，以及植物表型特征与特定基因型或基因型组合间的关联，强调植物品种所应具备的特异性、一致性和稳定性是基于某一特定基因型或基因型组合表达的特性而言的。这为实质性派生品种制度的引入奠定了基础，体现了生物技术的发展与应用对植物新品种保护制度的深刻影响。三是顺应全球化要求，考虑全球贸易事实与专利保护优势，改革《UPOV 公约》（1978 版）下的品种权（育种者权）权利结构，形成环环相扣、充分覆盖，并保持开放的权利约束。特别提到的是，实质性派生品种制度和依赖性品种制度的提出是《UPOV 公约》（1991 版）改革的核心和突破性所在，客观真实体现了植物育种中生物技术的应用对植物新品种保护制度的实质性影响。四是延长了品种权的保护期限，弱化了农民留种权利的保护。《UPOV 公约》（1991 版）出台后，欧洲共同体以《UPOV 公约》（1991 版）为蓝本制定《欧洲共同体植物品种保护条例》，使《UPOV 公约》（1991 版）下的植物新品种保护制度在"欧盟"范围内得到统一实施。《UPOV 公约》国际影响力不断增强，成员不断增加。2018 年 12 月 20 日，美国修订的《美国农业法》规定无性繁殖的植物品种可以申请品种权保护，改变了其自 1970 年以来《美国植物品种保护法》仅为有性繁殖或者茎块繁殖的植物提供品种权保护的历史。至此，由欧洲国家创建的《UPOV 公约》几经修订，适应了生物技术和农产品全球贸易发展的要求，获得全球先进国家的普遍认同，成为植物育种领域不可缺少的知识产权保护形式。

实质性派生品种制度的引入及对基因型和基因型组合角度的定义，很大程度上解决了生物育种技术应用与传统育种成果之间的利益协调问题，大大促进了原始育种创新工作。但是《UPOV 公约》（1991 版）也存在植物新品种审查的时间长和成本高的老问题。与专利申请主要通过书面审查不同，植物新品种审查主要依赖于专业测试机构按照特定作物测试指南进行的特异性、一致性和稳定性（DUS）测试。这种测试方式决定了植物新品种保护体系必须按照作物类别建立门类齐全的技术支撑体系，制度实施成本高、审查测试时间长且受气候与环境影响，意味着《UPOV 公约》在全球推广要比专利制度面临更大的挑战。随着农产品国际贸易的普遍化，大部分国家都可以享受来自全球各地栽培的水果、蔬菜、粮食以及花卉等，但是许多国家或地区限于自然条件或者费用成本难以建立独立的植物新品种 DUS 测试体系。目前，UPOV 和欧盟主导测试报告国际互认方式解决，但该方案具有内在的局限性：①测试报告国际互认能解决品种审查环节 DUS 测试，但无法解决侵权救济中品种及时鉴定的问题；②测试报告国际互认无法解决特定植物品种因环境造成的基因型或基因型组合表达的变异问题；③DUS 测试无法发现某些难以反映在植物表型特征上的植物属性，比如水稻品种的褐飞虱抗性。在这种情况下，更精细化的、能够将某些基因型或基因型组合与外在表达建立明确联系的DNA 分子技术将是解决上述问题的关键。

（三）《UPOV 公约》（1991 版）要点解析

当前《UPOV 公约》（1991 版）文本以更大保护范围和更高保护水平的优势成为世界植物新品种保护主流趋势。2021 年 3 月，全国人大农委启动《中华人民共和国种子法》修改工作，同年 12 月第十三届全国人大常委会第三十二次会议审议通过《中华人民共和国种子法》修正草案。这次修正立足我国种业知识产权保护的实际需要，通过扩大植物新品种权的保护范围、扩展保护环节、建立实质性派生品种制度、强化侵权损害赔偿责任等，加大植物新品种权的保护力度。新《中华人民共和国种子法》是我国植物新品种保护的支架性法律制度，比较好地衔接了《UPOV 公约》（1991 版）。

《UPOV 公约》（1991 版）中新增定义有 4 个：①"育种者"系指培育或发现并开发了一个品种的人；上述人员的雇主或按照有关缔约方的法律规定代理雇主工作的人；视情况而定，上述第一个人或第二个人的继承人。②"育种者的权利"系指根据本公约向育种者提供的权利。③"品种"系指已知植物最低分类单元中单一的植物群，不论授予育种者的权利的条件是否充分满足，该植物群可以以某一特定基因型或基因型组合表达的特征来确定，至少表现出上述的一种特性，以区别于任何其他植物群，并且作为一个分类单元其适用性经过繁殖不发生变化。④"缔约方"系指参加本公约的一个国家或一个政府间组织。要点解析如下。

1. 保护方式未做明确规定或限制，为用专门方式和专利方式保护植物品种提供了自由

联盟各成员国可通过授予专门保护权或专利权，承认《UPOV 公约》（1991 版）规定的育种者的权利。但是，对这两种保护方式在本国法律上都予认可的联盟成员，对一个和同一个植物属或种，仅提供其中一种保护方式。

2. 国民待遇删除了第三条中对国民待遇的限制，消除了联盟成员国之间国民待遇的障碍

实施《UPOV 公约》（1991 版）的任何联盟成员国对某一属或种，将有权限制对该属或种实施《UPOV 公约》（1991 版）的其他各联盟成员国国民和在这些其他国任何一国定居或设有注册办事机构的自然人和法人的利益。

3. 必须或可以保护的植物属和种数量及期限要求的提高，扩大了植物新品种保护的范围

一是每个联盟成员国自《UPOV 公约》（1991 版）在其领土生效之日起，应至少对 5 个属或种实施《UPOV 公约》（1991 版）的规定。每个联盟成员国自《UPOV 公约》（1991 版）在其领土生效之日起的以下期限内，应对更多的属或种实施《UPOV 公约》（1991 版）的规定：3 年内至少有 10 个属或种，6 年内至少有 18 个属或种，8 年内至少有 24 个属或种。二是已是联盟成员的国家：最迟自上述之日起，至 5 年期满时，适用于所有植物属和种；联盟的新成员要求自受《UPOV 公约》（1991 版）约束之日起，至少适用于 15 个植物属和种，最迟自上述之日起，至 10 年期满时，适用于所有植物属和种。

4. 受保护的权利、保护的范围显著扩展

《UPOV公约》(1991版)(第十四条第一至四款)授予育种者权利的作用是在对受保护品种的诸如有性或无性繁殖材料之类进行下列处理时，应事先征得育种者同意：①以商业销售为目的之生产；提供出售；市场销售。②将保护对象构成侵权行为的范畴从商业生产销售扩大到了生产繁殖及为繁殖而进行的处理，包括出口、进口等活动。③将品种权保护对象的范围从繁殖材料扩大到了由繁殖材料生产的收获材料以及特定情况下对这些材料的加工产品。

需要注意的是利用品种作为变异来源而产生的其他品种或这些品种的销售，均无须征得育种者同意。

《UPOV公约》(1991版)限制了依赖性派生品种的商业开发权利，依赖性派生品种包括：从原始品种依赖性派生或从本身就是该原始品种的依赖性派生品种产生的依赖性派生的品种，同时又保留表达由原始品种基因型或基因型组合产生的基本特性；与原始品种有明显区别；除派生引起的性状有所差异外，在表达由原始品种基因型或基因型组合产生的基本特性方面与原始品种相同。

《UPOV公约》(1991版)删除了第五条中对国民待遇的限制，再度消除了联盟成员国之间国民待遇的障碍。

5. 保护条件对品种特异性要求更加法定化，法定登记备案得到优先

在申请保护时，该品种应具有一个或数个有别于已知的任何其他品种的明显特性。"已知"的存在可参考以下因素：已在进行栽培或销售，已经或正在法定的注册处登记，已登在参考文献中或已在刊物中准确描述过。使品种能够确定和区别的特性，必须是能准确辨认和描述的。如果一个品种在申请书登记之时显然有别于已知的任何其他品种，则这个品种应被认为是特异的。特别是，在任何国家里，如果一个其他品种的育种者权利申请或在法定的品种登记处登记的申请，获得了育种者的权利或者在法定的品种登记处登记，则应认为从申请之日起，该其他品种便是已知的品种。

将原文本"品种"改为"品种的繁殖或收获材料"，对品种新颖性的标准进行了明确的规定：该品种尚未经育种者同意在该国领土内提供出售或在市场销售，若该国法律另行规定，则不能超过1年。如果在育种者权利申请书提交之日，该品种的繁殖或收获材料尚未因利用该品种之目的被育种者本人或经其同意出售或转让他人，该品种应被认为具有新颖性。

6. 临时性保护更加明确，对在注册申请至批准期间临时保护提高

为便于检验起见，各联盟成员国的主管机关，可以要求育种者提供所有必需的信息、文件、繁殖材料或种子。审查中，受理主管机关可种植该品种或进行其他必要测试，促使该品种进行种植或其他必要的测试，或考虑种植测试结果或其他已进行试种的结果。为进行审查，受理主管机关可以要求育种者提供一切必要的信息、文件或材料。

任何联盟成员国，可以在注册申请至批准期间采取措施保护育种者的权利，以防止第三者侵权。各缔约方应采取措施，以便在从提交或公布育种者权利申请至授予育种者权利之间的期间内，保护育种者的权利。

7. 保护的期限得到延长

自授予保护权之日起，保护期限不少于 15 年。藤本植物、林木、果树和观赏树木，包括其根茎，保护期为 18 年。该期限应自授予育种者权利之日起不少于 20 年，对于树木和藤本植物，该期限应自所述之日起不少于 25 年。

8. 授予保护权时所需遵守的条件由两项（新颖性、特异性）修正为四项（新颖性、特异性、一致性、稳定性）

如果确证，授予保护权时，第六条第一款（一）项和（二）项所规定的条件未得到有效遵守，则将按照各联盟成员国国家法律的规定，宣布育种者的权利无效。遇有下列情况，缔约方应宣布其授予的育种者权利无效：①在授予育种权利时未遵守第六条或第七条规定条件（新颖性、特异性）；②主要根据育种者本人提供的信息和有关文件授予育种者权利，在授予育种者权利时未遵守第八条或第九条规定条件（一致性、稳定性）。

9. 贸易活动中品种权实施的独立性

按照《UPOV 公约》（1991 版）授予育种者的权利，不受与各联盟成员国采用的种子和繁殖材料的生产、鉴定和销售的管理办法。然而，这些办法应尽可能避免妨碍《UPOV 公约》（1991 版）各条款的实施。育种者权利应独立于任何缔约方在其领土内对品种繁殖材料的生产、许可证和销售或该材料的进出口活动进行管理采取的措施，在任何情况下，这类措施均不应妨碍《UPOV 公约》（1991 版）条款的实施。

二、中国植物新品种保护制度历史演变

种子是农业的"芯片"。我国是世界四大文明发源地之一，从开始驯化野生植物发展到现代作物生产已近万年。现今，世界上许多主要的农作物，如小麦、大麦、水稻、玉米、甘蔗、亚麻、棉花和多种蔬菜、豆类等都是在很早很早以前的原始社会就被人们所种植了。加强种业知识产权保护、推动种业自主创新，对于农业高质量发展和维护国家粮食安全具有基础性、决定性的战略意义。

我国对植物新品种保护措施晚于西方发达国家。1997 年之前，我国的主要措施是进行专利保护，但按照专利法相关规定，对动植物品种不授予专利权，而仅对非生物学培育方法授予专利权，也就是专利法只能保护育种过程，而不能保护品种本身，这就使植

物品种本身难以得到有效的保护，导致育种者的知识产权得不到合理有力的保护。《中华人民共和国植物新品种保护条例》的颁布，拉开了对植物新品种保护的序幕，也明确中国对植物新品种的保护采取了与《UPOV 公约》和《与贸易有关的保护知识产权协议》一致的原则，通过专门法承认植物新品种并给予其有效的法律保护。

从我国现状来看，以专利法保护其生产方法，即通过《中华人民共和国植物新品种保护条例》来保护植物新品种，是比较符合我国当前国情的。如果采用发达国家的专利法保护植物新品种，可以在很大程度上保护育种者的权利，激励创新，但随着我国综合国力的提升，在植物新品种的保护上也应该有更新更好的认识和发展。

（一）发展过程

我国植物新品种保护起步较晚，从制度建设和实施情况看，我国植物新品种保护也经历了三个不同的发展阶段，包括制度探索起步、完善规章制度和快速发展实施，实现了植物品种权保护制度从无到有和保护数量由少到多的转变。

1. 制度探索起步

这一阶段主要是植物新品种保护制度的创设，重点解决植物新品种保护制度从无到有的问题，确定植物新品种审查授权、行政执法和司法保护体系。1984 年 3 月全国人大常委会通过我国首部《中华人民共和国专利法》，并于 1985 年 4 月施行，虽历经多次修改完善，依然排除与植物有关发明的可专利性，仅对非生物学生产方法授予专利权，植物新品种难以获得专利保护。1993 年 4 月党中央要求制定植物新品种保护法律，有关部委联合成立立法小组。1994 年 4 月各国代表签署《贸易有关的知识产权协议（TRIPs）》，1995 年 1 月生效，成为当时世界范围内知识产权保护领域涉及面广、保护水平高、保护力度大、制约力强的国际公约。为满足世界贸易组织的基本要求：通过专利或某种有效的专门制度或两者结合对植物新品种提供保护，经多次调研、起草、论证，1997 年 3 月国务院颁布《中华人民共和国植物新品种保护条例》（以下简称《条例》），1998 年 8 月全国人大常委会决定加入《UPOV 公约（1978 版）》，1999 年 4 月 23 日我国正式加入《UPOV 公约》，成为第 39 个成员，同日开始受理国内外植物新品种权申请和授权事宜。国家农业和林业主管部门分别负责农业和林业植物新品种权申请的受理审查和授权事宜，1999 年 6 月农业部发布《中华人民共和国植物新品种保护条例实施细则（农业部分）》，同年 8 月国家林业局发布《中华人民共和国植物新品种保护条例实施细则（林业部分）》，公布了 6 批农业植物品种保护名录和 4 批林业植物新品种保护名录，进一步提高《条例》的可操作性。2000 年 7 月，全国人大常务委员会通过我国首部《中华人民共和国种子法》，初步确立了植物新品种保护的标准性规定，标志着我国正式建立植物新品种保护制度。

2. 完善规章制度

这一阶段重点是解决植物新品种保护制度完善问题。植物新品种申请数量稳定增加，修订和增加了新的法律法规得以修订和增强，如《农业部植物新品种复审委员会审理规定》（2001 年）、《农业植物新品种权侵权案件处理规定》（2003 年）、《最高人民法院关于开展植物新品种纠纷案件审判工作的通知》（2001 年）、《最高人民法院关于审理植物新品种纠纷案件若干问题的解释》（2001 年），一批具有重要影响的植物新品种开始涌现。主管部门先后发布 4 个《条例》配套规章制度，2001 年 2 月农业部发布《植物新品种复审委员会审理规定》、2002 年 12 月发布《农业植物新品种权侵权案件处理规定》、2012 年 3 月发布《农业植物品种命名规定》；2014 年 8 月国家林业局发布《林业植物新品种保护行政执法办法》。2004 年以来，品种权年申请量跃居 UPOV 成员国第四位，有效品种权量居 UPOV 成员国前 10 名；2012—2017 年品种权申请量年均 2300 多件，授权量年均近 1200 件，自 2017 年以来连续 3 年植物新品种位居 UPOV 成员第一位。为便于植物新品种的申请与保护，植物新品种保护相关法律法规进一步得到完善。例如，最高人民法院于 2006 年年底颁布《关于审理侵犯植物新品种权纠纷案件具体应用法律问题的若干规定》，2007 年修订《中华人民共和国植物新品种保护条例实施细则（农业部分）》，2010 年制定《关于台湾地区申请人在大陆申请植物新品种权的暂行规定》，2015 年修订《中华人民共和国种子法》将植物新品种保护规定列为专章。一大批综合性状良好的植物新品种在生产中发挥作用，植物新品种保护制度对育种创新的激励作用得到初步显现。

3. 快速发展实施

2011 年 4 月，国务院发布《关于加快推进现代农作物种业发展的意见》，强调了植物新品种保护制度应根据我国种业发展情况予以及时完善，并且要重点关注品种权的保护与利用问题。随着植物新品种保护制度日益受到育种家和育种企业的重视，农业和林业植物新品种权的申请量与授权量不断提升，并呈明显快速增长之势，尤其是 2017 年取消品种权费用后，植物新品种权出现"井喷式"增长，2021 年申请总量 4.8 万余件，授权总量 1.7 万余件。这期间非居民品种权申请与授权数量很少，申请与授权作物种类单一，授权品种多而不优，同质化问题严重。品种权侵权诉讼过程中，"取证难、鉴定难、执行难""侵权成本低、维权成本高""有法难依、违法难究"问题突出，导致部分品种权人"不想维权、不敢维权和不愿维权"，出现"国外种植国内销售"经营模式或者实施"套牌销售"战略谋求盈利和生存等现象，成为我国植物新品种保护工作的重点和难点。2021 年 5 月，我国与欧盟在《双边合作协议（2018—2020）》基础上签署《中欧植物新品种保护战略合作协议（2021—2025）》，开启中欧植物新品种保护合作新篇章。

（二）管理现状

我国植物新品种保护的审批机关分为农业和林业两部分，分别是农业农村部和国家林业和草原局各自负责农业和林草植物新品种权的申请受理审查和授权事宜。

农业农村部负责粮食、棉花、油料、麻类、糖料、蔬菜（含西甜瓜）、烟草、桑树、茶树、果树（干果除外）、观赏植物（木本除外）、草类、绿肥、草本药材、食用菌、藻类和橡胶树等农业植物新品种保护事宜，发布 11 批农业植物新品种保护目录 191 个植物属或种，初步建成"1+27+6"农业植物新品种测试体系（测试中心 1 个，测试分中心 27 个，测试站 6 个），完成植物测试指南 240 个，DNA 指纹鉴定标准 18 个，农业品种权电子申请平台和 UPOV 品种权国际申请平台正式上线，形成 300 余人专业测试队伍。

国家林业和草原局负责受理和审查林木、竹、木质藤木、木本观赏植物（包括木本花卉）、果树（干果部分）及木本油料、饮料、调料、木本药材等植物新品种的品种权申请与授权。申请品种应当属于国家林业和草原局发布的植物品种保护名录范围内培育的品种，目前共发布 9 批林草植物保护名录 313 个属（种）。植物新品种测试指南是指导测试机构开展植物新品种特异性（distinctness）、一致性（uniformity）和稳定性（stability）测试的技术文件。累计组织开展 165 项测试指南编制，其中 92 项以国家或行业标准正式发布，为支撑服务林草新品种审查授权工作发挥了重要作用。初步建成"1+6+7+2"林草植物新品种测试体系，包括 1 个测试中心、6 个测试分中心、7 个专业测试站、2 个分子测定实验室。从 2021 年 1 日 1 日起，林草植物新品种实行网上填报。相对林业事业发展需求而言，林草新品种申请量大，测试机构数量偏少且条件能力不足，现有测试指南不能满足需求、布局不合理等问题也显现，对于测试机构、保藏中心、标准体系、已知品种数据库、测试鉴定新技术等方面建设也将不断加强。截至 2023 年年底，国家林业和草原局受理品种权申请 1906 件、授权 915 件，累计受理 10742 件、授权 4970 件，均创历史新高。

新修订的《中华人民共和国种子法》共 10 章 94 条，全文涉及植物新品种保护的共 7 章 16 条。新增 1 章"新品种保护"（第四章，共 6 条），涉及授权条件及机关、权利归属、品种名称、权利范围、权利例外、强制许可等。目前有效林业植物新品种管理法规:《中华人民共和国植物新品种保护条例实施细则（林业部分）》《中华人民共和国植物新品种保护名录（林业部分）》《最高人民法院关于审理植物新品种纠纷案件若干问题的解释》《最高人民法院关于审理侵犯植物新品种权纠纷案件具体应用法律问题的若干规定》《林业植物新品种保护行政执法办法》《林业植物新品种测试管理规定》《实施植物新品种强制许可审查工作细则》《向外国人转让林业植物新品种申请权或植物新品种权审批审查工作细则》。其中《条例》于 1997 年 3 月 20 日颁布，1997 年 10 月 1 日实施；2013 年 1 月 31 日进行第一次修订，大幅度提高了侵权和假冒品种权的处罚力度，目的是要更严厉打击侵权和假冒行为；2014 年 7 月 29 日进行第二次修订，目的是为了依法推进行政审批制度改革和政府职能转变，为申请人提供便捷和服务；2016 年 6 月启动《条例》第三次修订，2022 年 11 月《条例》向社会公开征求修订意见。

目前申请林业植物新品种权步骤：递交申请；初步审查（审查新颖性、品种命名等）；实质审查（审查特异性、一致性、稳定性）；授予品种权（发布公告、颁发品种权证书）。

（三）问题分析

从植物新品种保护制度的发展历史可以看出，育种技术的发展与农产品贸易的普遍是推动和促进植物新品种保护制度发展的内在动力。目前《UPOV 公约》（1991 版）代表国际趋势，我国加入《UPOV 公约》（1991 版）也是必然。当前我国植物新品种保护制度是参照《UPOV 公约》（1978 版）建立的，目前 UPOV78 个成员中，61 个成员执行《UPOV 公约》（1991 版），包含我国在内的 17 个成员执行《UPOV 公约》（1978 版），但我国是唯一严格执行《UPOV 公约》（1978 版）的成员，符合 TRIPs 最低要求，其余 16 个成员或多或少借鉴《UPOV 公约》（1991 版）做法，其中 13 个成员已经对全部植物属或种提供保护，9 个成员的权利范围拓展到了收获材料，7 个成员实施实质性派生品种制度，10 个成员的保护期限长于我国，7 个成员对农民自留种权利有进一步的明确规定。

我国在新品种保护实践中依然问题多多，矛盾重重，存在低水平重复多、大田作物多、国内申请多、突破性品种少、经济作物少、国外申请少"三多三少"现象以及原始创新能力不足、品种多样化不足、国际竞争力不足等突出问题。这既有深刻的现实原因，也有复杂的法律原因。《中华人民共和国种子法》规定下列情况下使用授权品种的，可以不经植物新品种权所有人许可，不向其支付使用费，但不得侵犯植物新品种权所有人依照《中华人民共和国种子法》、有关法律、行政法规享有的其他权利：①利用授权品种进行育种及其他科研活动；②农民自繁自用授权品种的繁殖材料。我国种业市场化落后于欧美发达国家，品种权保护和规范经营问题没有得到有效根治，品种权侵权取证难是我国目前植物新品种保护中的关键难题，品种权侵权假冒行为尚未得到根本改观。

为解决上述问题，《UPOV 公约》（1991 版）充分考虑了植物新品种保护的特性，引入实质性派生品种（essentially derived variety）制度，突破了《UPOV 公约》（1978 版）所奉行的品种权独立原则，将原始品种的权利延伸到由其产生的实质性派生品种和依赖性品种，控制着实质性派生品种和依赖性品种的商业化，强化了对原始育种创新的保护。通过实质性派生品种制度，明确实质性派生品种可以获得品种权的保护，但其商业化利用时需要经原始品种权人的许可，该项权利可以在实质性派生品种的繁殖材料、收获材料以及符合条件下的由收获材料直接制成品阶段的品种权行使环节予以行使。2021 年年底，UPOV 78 个成员（包括国家和地区组织，涉及 97 个国家）中，美国、欧盟、日本等 69 个成员（涉及 88 个国家）已施行实质性派生品种制度。2021 年我国修正《中华人民共和国种子法》，建立实质性派生品种制度，成为国际上实施实质性派生品种制度的第 70 个成员和第 89 个国家。

2021 年施行的《中华人民共和国民法典》将植物新品种明确为知识产权的权利客

体，品种权保护的力度明显提高，保护的技术规范具体全面，显著提升我国植物新品种保护的法律位阶。2022 年 3 月 1 日，迎来 2000 年颁布以来第四次修改的《中华人民共和国种子法》正式实施。此次新法修改条款不多，但专业性强，聚焦了品种同质化问题，建立实质性派生品种制度是新种子法的一大亮点，结合我国国情，借鉴发达国家成功经验和《UPOV 公约》（1991 版）精神，强化知识产权保护鼓励和支持育种原始创新，建立实质性派生品种制度，有利于鼓励品种原始创新，促进品种更新换代，保障国家粮食安全；有利于尊重他人创新成果，为建立合理的利益分配机制，提供了有效的保护手段；有利于激发企业自主创新积极性，加大研发投入力度，在全面推进种业振兴和粮油安全的大环境下，新种子法的实施将成为促进种业创新发展的重要法治保障。

第二章 浙江概况

森林是水库、钱库、粮库，还是"碳库"，在绿色发展、乡村振兴、生态保护和高质量发展中发挥着重要作用。浙江是"两山"理念先行示范省和共同富裕示范区，2021年12月，浙江省委、省政府印发《关于建设高质量森林浙江打造林业现代化先行省的意见》，明确提出森林增彩行动和生态共富行动，构建木本粮油、花卉苗木、竹木加工、森林康养、林下经济等主导产业体系。如何发挥林业的独特作用，把"七山"优势转化为经济优势、富民优势，努力实现生态美、产业强、农民富的新图景，离不开好品种、新品种的应用。

一、自然概况

浙江地处我国东南沿海、长江三角洲南翼，地理坐标为 27°02′~31°11′N、118°01′~123°10′E，东临东海，南接福建，西与江西、安徽交界，北与上海、江苏为邻。东西和南北的直线距离均约 450km。陆域面积 $10.55 \times 10^6 hm^2$，占全国陆域面积的 1.1%。全省陆域面积中，山地和丘陵占 70.4%，河流和湖泊占 6.4%，平原和盆地占 23.2%。海域面积 $26 \times 10^6 hm^2$，沿海岛屿众多，海岸线曲折。

（一）地形地貌

浙江素有"七山一水二分田"之说，地形复杂。地势西南高，东北低，呈阶梯状下降。西南部群山盘结，中部以海拔 500m 以下的丘陵为主，东北部及东部沿海为河海堆积平原。大致可分为浙北平原、浙西中山丘陵、浙东低山丘陵盆地、浙中丘陵盆地、浙南中山、沿海岛屿与平原等 6 个地貌区。主要平原有杭嘉湖平原、宁绍平原、金衢盆地河谷平原和温台沿海平原。

主要山脉均沿西南 – 东北方向延伸，可分为 3 支：北支为天目山脉，从浙赣交界的怀玉山伸展成天目山、千里岗等，是长江水系和钱塘江水系的分水岭；中支为仙霞山脉，从浙闽交界的仙霞岭延伸成四明山、会稽山、天台山，入海成舟山群岛，是钱塘江水系和瓯江水系的分水岭；南支为洞宫山脉，从浙闽交界的洞宫山延伸成大洋山、括苍山、雁荡山，是瓯江水系和飞云江水系的分水岭。

（二）气候水文

浙江地处欧亚大陆与西北太平洋的过渡地带，亚热带季风气候区中部，是我国东南季风剧烈活动地带，属典型的亚热带季风气候。其特点是冬夏季风交替显著，季节性变化明显，气温适中，四季分明，光照较多，热量较优，雨量丰富，空气湿润。雨热季节变化同步，气候资源配置多样，气象灾害繁多。浙江年平均气温为 15~18℃，极端最高气温为 33~43℃，极端最低气温为 −17.4~2.2℃；全省年平均降水量为 980~2000mm，年平均日照时数为 1710~2100 小时。1 月、7 月分别为全年气温最低和最高的月份，5~6 月为集中降水期。全省常水位水面面积约 5316.7km^2。主要有钱塘江、瓯江、曹娥江、甬江、椒江、飞云江、鳌江、苕溪八大水系。钱塘江是浙江省第一大江，按北源新安江，以安徽省休宁县六股尖东坡起算，至海盐澉浦 – 余姚西三闸连线，河流长度为 589km（其中浙江境内 348km）；按南源衢江上游马金溪，以安徽省休宁县青芝埭尖北坡起算，至海盐澉浦 – 余姚西三闸连线，河流长度为 522km（其中浙江境内 497km）；省内流域面积 44015km^2。主要湖泊有杭州西湖、绍兴东湖、嘉兴南湖、宁波东钱湖四大名湖，以及新安江水电站建成后形成的全省最大的人工湖泊千岛湖等。

（三）土壤植被

浙江在全国土壤地理分区中属于江南红壤、黄壤、水稻土大区，可划分为浙北平原水稻土地区，浙西山地丘陵红壤、黄壤地区，金衢低丘盆地红壤、水稻土地区，浙东丘陵盆地红壤、岩成土、水稻土地区，浙南山地黄壤、红壤地区，浙东滨海平原、岛屿红壤盐渍土、水稻土地区。浙北地区通常海拔 600m 以下为红壤，600m 以上为黄壤；浙南地区常以海拔 800m 为分界线。浙江生态系统类型包括森林、湿地、农田、城市、海洋、草地生态系统，其中森林生态系统多样性相当丰富，森林的树种组成、结构演替等方面地带性特征明显。根据最新森林资源监测数据，全省现有林地面积 9106 万亩*，森林面积 9370 万亩，森林覆盖率为 61.36%，位居全国前列。

浙江植物区系成分复杂，植被类型多样。地带性植被主要为常绿阔叶林，全省大部分地区被划为"中亚热带湿润常绿阔叶林"地带。常绿阔叶林主要以壳斗科（Fagaceae）、樟科（Lauraceae）树种为建群种，还有木兰科（Magnoliaceae）、山茶科（Theaceae）、冬青科（Aquifoliaceae）、山矾科（Symplocaceae）等种类，组成种类往南

---

*1 亩 =666.67m^2。

渐丰，常绿种类也逐渐增多。商品林中的经济林、竹林资源较为丰富。经济林以茶园、桑园、木本粮油林、果树林为主，其中茶（*Camellia sinensis*）、桑（*Morus alba*）、柑橘（*Citrus reticulata*）等驰名中外，山核桃（*Carya cathayensis*）、香榧（*Torreya grandis*）等占全国产量的 70% 以上。

（四）植物资源

根据《浙江植物志（新编）》记录，全省现有维管植物 262 科 1587 属 4866 种，其中蕨类植物 436 种，隶属于 50 科 118 属；裸子植物 81 种，隶属于 10 科 37 属；被子植物 4349 种，隶属于 202 科 1432 属。被子植物中，双子叶植物 3253 种，隶属于 167 科 1078 属；单子叶植物 1096 种，隶属于 35 科 354 属。其中，国家重点保护野生植物 115 种，其中国家一级保护野生植物 11 种；国家二级保护野生植物 104 种。

二、林草新品种保护概况

自 1999 年国家开始实施植物新品种授权保护以来，浙江省认真贯彻落实《中华人民共和国种子法》《植物新品种保护条例》，强化科技创新和种业攻关，组织全省育种工作者积极推进新品种遗传改良，选育出一大批具有自主知识产权的优良新品种并辐射全国，以观赏植物和经济林植物为主的授权新品种不断丰富着品种类型。《2023 中国林业和草原知识产权年度报告》显示，浙江省林草授权量位居第三，新品种创新继续走在全国前列。

（一）授权情况

全省育种人员通过选择、杂交、诱变以及基因工程等手段，培育出许多品质优良的林草植物新品种，并积极申请新品种保护。大致分 2 个阶段：2000—2011 年新品种创制比较缓慢，11 年间获授权量 16 件；2012—2023 年稳步上升，共获授权 446 件，特别是自 2012 年国家林业局（现为国家林业和草原局）在浙江召开全国林业植物新品种工作会议以来，浙江省每年林业植物新品种权授权量都在两位数，2017 年取消相关费用后新品种申请量超过 100 件，2018、2019 年授权新品种超 50 件。2023 年浙江林草植物新品种权申请 169 件、获授权 78 件，分别占国内申请量（1906 件）的 8.87%、授权量（915 件）的 8.5%。截至 2023 年年底，浙江林草植物新品种累计申请量 1013 件、授权量 462 件，分别占国内申请量（9378 件）的 10.8%、国内授权量（4265 件）的 10.8%，授权总量位居全国第三。

1. 植物类别

获授权林草植物新品种中观赏植物 403 件，占总量的 87.3%；经济林 55 件，占总量的 11.9%；竹子 4 件，占总量的 0.8%。其中 2023 年获授权植物新品种中，观赏植物 60 件，占年度授权量的 76.9%；经济林 17 件，占年度授权量的 21.8%；竹子 1 件，占年度授权量的 1.3%。

2. 植物属（种）

共有 45 个属（种）的林草植物新品种获授权，授权量排名前五的属（种）授权量占浙江省授权总量的 56.3%，其中杜鹃花属（Rhododendron）121 件，占授权总量的 30%；山茶属（Camellia）48 件，占授权总量的 11.9%；紫薇属（Lagerstroemia）47 件，占授权总量的 11.6%；桂花（Osmanthus fragrans）23 件、木兰属（Magnolia）21 件，分别占授权总量的 5.71%、5.21%。其中，杜鹃花属、紫薇属授权量分别居全国第一、第二，山茶属、桂花、木兰属等授权量均占国内的 30% 以上。2023 年，21 个属的林草植物新品种获授权，其中山茶属 23 件、木兰属 8 件、冬青属（Ilex）6 件、木樨属（Osmanthus）5 件、榧树属（Torreya）和槭属（Acer）各 4 件。新增秋海棠属（Malus）、杨梅属（Morella）、鹅掌楸属（Liriodendron）、萱草属（Hemerocallis）和铁筷子属（Helleborus）5 个属，铁筷子属获国内首次授权，引领全国品种创新。

3. 授权品种地域

全省共有 10 个市先后获得林业植物新品种权，授权量依次为杭州 169 件、宁波 118 件、金华 80 件、嘉兴 41 件、绍兴 21 件、湖州 17 件、丽水 11 件、台州 2 件、温州 2 件、衢州 1 件。杭州和宁波分别占全省授权总量的 36.6% 和 25.5%。各市授权新品种种类各具特色，杭州以桂花、梅花（Prunus mume）、乌桕（Triadica sebifera）、蜡梅（Chimonanthus praecox）及山茶属为主；宁波以杜鹃花属、山茶属、槭属为主；金华以杜鹃花属、榧树属及桂花为主；嘉兴以紫薇（Lagerstroemia indica）、杜鹃花属为主；湖州以木兰属、含笑属（Michelia）为主，丽水以蚊母树属（Distylium）、悬钩子属（Rubus）为主。其中 2023 年 10 个市获林草植物新品种授权，分别是杭州 33 件、宁波 18 件、湖州 9 件、金华 7 件、嘉兴 4 件、绍兴 3 件、丽水 2 件、温州和衢州各 1 件，衢州取得零的突破，舟山以第二品种权人与宁波获授权 3 个冬青新品种。

4. 品种权人

品种权人构成分析以第一品种权人类型统计，发现浙江省林草植物新品种权人以企业为主，共 224 件，占总量的 48.5%；高等院校 85 件，占总量的 18.4%；科研院所 75 件，占总量的 16.2%；个人 48 件，占总量的 10.4%；植物园及其他 30 件，占总量的 6.5%。林业植物新品种授权总量排名前五的单位依次为金华市永根杜鹃花培育有限公司 47 件、浙江农林大学 43 件、浙江省林业科学研究院 33 件、中国林业科学研究院亚热带林业研究所（以下简称中国林科院亚林所）26件、宁波黄金韵茶业有限公司24件。其中2023年27家单位获林草植物新品种授权，以企业为主，共40件，占总量的51.3%；科研院所19件，占总量的24.4%；高等院校12件，占总量的15.4%；其他（合作社、林场等）7件。授权量最多的为中国林科院亚林所11件，其次浙江钱塘湾农业有限公司和宁波黄金韵茶业有限公司各6件，浙江农林大学5件。

（二）转化运用模式

1. 转化方式多样

在品种权处置方式中，转让可分为申请品种权转让与已授权品种权转让，许可则分为普通许可与独家许可。转让、许可协议信息及时在网上技术市场公示。主要通过"新品种＋许可（转让）""纳入'知识产权交易平台'""新品种＋基地（辐射）"三大转化模式促进转化。2023年永根杜鹃花培育有限公司转让'吉祥红''紫魁'两个杜鹃花新品种权，转让6个申请品种权和独家授权'常春2号'，加速推进科技成果向现实生产率转移转化，发挥新品种作用和效益，品种权人收回研发成本，为持续创新获得资金保障。

2. 激励政策助力转化

宁波市财政设有现代种业专项资金，支持植物新品种研发、推广，新品种权补助20万/个，自主知识产权品种推广补助10万/个；2022年浙江省政府出台《浙江省知识产权奖励办法》激励创新，每3年评一次，一等奖奖励30万元，二等奖奖励15万元，三等奖奖励5万元，推动高价值新品种加速转化，提高惠农助力乡村振兴。2023年第一届浙江省知识产权奖名单中以'亚林柿砧6号'为代表的3件林草植物新品种获首届浙江省知识产权奖，其中中国林科院亚林所的'亚林柿砧6号'荣获植物新品种类二等奖，方永根的杜鹃新品种'红阳'、浙江农林大学的梅花新品种'红颜朱砂'获得三等奖。植物知识产权奖对未来浙江新品种创新和种业发展具有重要的推动意义。

3. 市场需求推动转化

观赏强、经济效益高的新品种转化率高，如'红阳'等35个杜鹃花属品种、'金玉桂花'等应用于G20杭州峰会市政建设、道路绿化、公园美化，樟树'御黄'、枫香'金钰'等彩色树种逐步应用于国土绿化，不断提升绿化品质和生态景观效果；如浙江省林科院自主选育的乌桕'辉煌'、紫薇'紫绮'等3个花木新品种成功转化给江西三农花木集团有限公司，进一步证明了浙江省花卉自主创新新品种逐渐被市场接受，自主创新新品种核心竞争力逐步再提升；如'御金香'（山茶属）、'亚林柿砧6号'（柿属）等经济林新品种推广应用到全国各地。新品种的培育和转化应用正在成为林业科技拓宽"两山"转化通道、助力乡村振兴、建设美丽大花园的"重要窗口"。

（三）法规政策制定

浙江省委、省政府高度重视知识产权保护工作。制定出台《浙江省实施〈中华人民共和国种子法〉办法》《浙江省知识产权保护和促进条例》《知识产权强国建设纲要（2021—2035年）》和《打造知识产权强国建设等先行省的实施意见》等。省林业局积极参与《浙江省知识产权保护和促进条例》《浙江省知识产权奖励办法》制定，重点起草《浙江省知识产权奖励办法实施细则》中涉及植物新品种奖励的评分办法，包括评分指标体系和评分依据；联合印发《浙江省知识产权技术调查官管理办法（试行）》《浙江省知识产权服务业高质量发展工程实施方案（2023—2027）》，不断完善知识产权保护制度和激励政策文件；认真组织全省开展林业系统知识产权技术调查官名录库建设，19名同志获聘植物新品种技术调查官，不断提升浙江省植物新品种案件办理质效。宁波、嘉兴、金华出台种业奖补政策，不断激励自主创新。

（四）标准及专利制定

浙江省有关单位牵头或参与编制并获正式发布实施的林草植物新品种测试指南5项，由中国林科院亚林所李纪元研究员制定的《植物新品种特异性、一致性和稳定性（DUS）测试指南 山茶属》于2011年成为UPOV测试指南（TG/275/1），为实现山茶属植物国际统一的DUS测试和品种描述提供了技术规范。栎属（*Quercus*）、榉树属均以林业行业标准发布实施。《植物新品种特异性、一致性和稳定性测试指南 山核桃》已于2024年6月27日审查通过，为开展林草植物新品种审查授权、执法保护等工作提供重要的技术支撑。杭州植物园参与《植物新品种特异性、一致性、稳定性测试指南 杜鹃花属映山红亚属和羊踯躅亚属》的编制。颁布了《盆栽蜡梅生产技术规程》行业、地方标准等9个，获得了《一种梅花催花的方法》等20个发明专利，12项技术入选了2022年浙江省林业领域主推技术，推动标准化高质量发展，实现从传统单一产品到多功能、多元化产品的转型升级。

（五）合作创新进展

近年来，浙江林木花卉育种单位不断加大与上海辰山植物园、南京林业大学、中国科学院、广东省林业科学研究院等省外高校、科研院所合作，不断提升种业创新能力。浙江省育种企业或团队积极牵头或加入国家植物新品种创新联盟，如绣球创新联盟由杭州园林绿化股份有限公司、紫薇创新联盟由浙江森城种业有限公司、樱花创新联盟由浙江省林业科学研究院等单位牵头组建。2024年4月27日，优良植物新品种创新联盟大会暨优良植物新品种创制与转化运用研讨会在浙江海宁召开，浙江省'亚林柿枯6

号''红阳''少女芯''帝韵''红粉'等 10 多个新品种在创新大会上进行广泛宣传。创新联盟的成立有助于推动区域间的合作创新，推动产业高质量有序发展。

（六）品种维权情况

根据国家和浙江省打击侵权假冒领导小组办公室《双打护企百日执法行动方案》和《国家林业和草原局办公室关于进一步加强林草种苗监管工作的通知》文件精神，每年持续开展全省林业"双打护企"专项行动，强化多部门联合执法，开展"送法五进"（送《中华人民共和国种子法》和《植物新品种保护条例》《浙江省知识产权保护和促进条例》进基地、进市场、进社区、进企业、进学校）活动，对重点品种、重点区域、重点企业进行摸底排查，严厉打击未审先推、无证生产经营、未使用标签、以次充好、假冒伪劣和侵犯品种权等违法行为。强化花木市场法规宣传和依法监管，在中国（金华）花卉苗木博览会上浙江省花卉协会与浙江省知识产权协会联合印发"保护林业植物新品种权倡议书"，要求全省林业进出口、种植、生产销售等企事业单位和全社会牢固树立保护植物新品种权就是保护创新的意识，积极履行植物新品种权保护的社会责任。

三、新品种应用

近年来，浙江省全力实施百万亩国土绿化和千万亩森林质量精准提升工程，以进一步提高林分蓄积量、提升碳汇能力、美化自然景观、增强生态安全，着力构建布局合理、覆盖城乡、功能强大、高效稳定的森林和湿地生态系统。围绕这些主要目标，植物新品种凭借出色的稳定性、特异性和新颖性，特别是彩色树种、观花观果植物，在生态修复提升、美丽林相改造、名山公园建设、美丽生态廊道建设等方面应用潜力巨大，对构建优美生态景观、促进人与自然和谐共生具有重要意义。

新品种的推广与应用是一个相对复杂的过程。植物新品种在景观、绿化中的应用可以彰显特色，提升质感，呈现很好的效果和效益，但相同的品种在不同项目和场景中应用可能出现截然不同的结果。因此，植物品种的选择和配置方式至关重要，在实际应用中应尊重新品种权，在遵循一定的原则和方式下积极鼓励新品种应用，最终达到促进新品种发展、提高生态和社会效益的目的。

（一）植物新品种选择原则

1. 适应性原则

应考虑植物新品种能否适应当地气候、土壤、水分等条件。要遵循地带性典型植被类型的分布规律，多运用乡土树种，促进形成当地稳定的森林群落。

2. 生态性原则

应考虑植物新品种对生态环境的影响，是否能改善空气质量、增加氧气含量、改善土壤结构、促进生态系统良性循环等。例如，沿海防护林要考虑生长速度和抗性，湿地修复要考虑耐水湿性等。

3. 经济性原则

应考虑植物新品种的经济效益，按照不同的营造修复目的关注不同的经济目的，包括生长速度、木材用途、观赏价值等。例如，山地造林要考虑耐瘠薄易管护等。

4. 美观性原则

应考虑植物新品种的外观美观程度，包括树形、花色、叶色等。例如，森林公园、美丽生态廊道中的绿道等应更注重美观性等。

5. 安全性原则

应考虑植物新品种的安全性，包括是否易倒、易折等，避免对人和财产造成损害。例如，森林城镇、森林村庄中心的植物选择要特别关注。

6. 文化性原则

应考虑植物新品种的文化价值，包括历史、传统、地域等，体现地域文化特色。例如，名山公园的树种选择多以厚重稳重为主基调，以与深厚的文化底蕴相衔接。

（二）植物新品种配置方式

植物选择好之后，相互的配置问题也非常重要，不仅要考虑环境、美观、功能、经济等因素，还得注意配置方式。植物的配置方式可分为自然式配置和规则式配置。规则式配置有行置和几何形配置，自然式配置有孤植、群植、丛植、带植等。例如，在道路行道树种植中多采用规则式，在公园、廊道等绿地中的植物多采用规则式与自然式相结合。同一植物不同的配置方式，表现出不同的视觉效果。

1. 对比和衬托

利用植物不同的形态特征，运用高低、姿态、叶形叶色、花形花色的对比手法，表现一定的艺术构思，衬托出美的植物景观。在树丛组合时，运用水平与垂直对比法、体形大小对比法和色彩与明暗对比法较适合。

2. 动势和均衡

各种植物姿态不同，有的比较规整，如杜英；有的有一种动势，如松树。配置时，要讲求植物相互之间或植物与环境中其他要素之间的和谐协调；同时还要考虑植物在不同的生长阶段和季节的变化，不要因此产生不平衡的状况。

3. 起伏和韵律

韵律分"严格韵律"和"自由韵律"，道路两旁和狭长形地带的植物配置最容易体现出韵律感，但要注意纵向的立体轮廓线和空间变换，做到高低搭配，有起有伏，这样才能产生节奏韵律感，尽量避免布局呆板。

4. 层次和背景

为克服景观的单调，宜以乔木、灌木、花卉、地被植物进行多层的配置。不同花色花期的植物相间分层配置，针叶与阔叶、常绿与落叶的合理搭配等可以使植物景观丰富多彩。背景树一般宜高于前景树，栽植密度宜大，最好形成绿色屏障，色调加深，或与前景有较大的色调和色度上的差异，以加强衬托。

5. 突出地方特色

植物配置时要结合当地的自然资源、人文资源，融合地方文化特色，与主题相适应。只有把握历史文脉，体现地域文化特色，符合主题风格才能提高绿化品位。例如，丰富的乡土树种不仅能较快地产生生态效益，还能彰显地方特色；孤植则能凸显重要位置或聚焦游客视线。

浙江生态观赏植物新品种

第二部分

植物新品种

第一章　观叶植物新品种

一、乌桕 *Triadica sebifera*

大戟科　Euphorbiaceae
乌桕属　*Triadica*

（一）生物学特性及应用价值

乌桕为大戟科乌桕属多年生高大落叶乔木，已经有 1400 多年栽培历史，是我国特有的、重要的经济树种。乌桕种子可榨油，是重要的工业原料，木材致密坚硬、纹理细致，根、皮、叶和桕脂均可入药，在民间有"千棵棕、万棵桐，不如乌桕树一片"的说法。乌桕树形优美，叶形秀丽，季相变化丰富多彩，"春萌红芽，夏披浓绿，秋着彩叶，冬挂白籽"，集观形、观色叶、观果于一体，观赏效果极佳，是亚热带地区重要的彩叶树种。

为推进森林质量精准提升，打造四季皆景的森林景观，各地全力推进森林"珍贵化、阔叶化、彩色化"建设，乌桕的生态观赏价值被不断挖掘。乌桕喜光，耐湿，耐盐碱，抗风力强，土壤适应性强，叶色丰富，成为长三角地区城乡森林彩色化发展的主要造林树种之一。同时，乌桕在园林景观中的应用也日益广泛。乌桕枝干婀娜，冠幅饱满，枝繁叶茂，菱形叶片独特别致。秋季经霜后叶片转色，常呈深红色、紫红色、杏黄色或橙黄色，色泽鲜亮、饱满、明艳，能装点深秋之美，在城市美化、美丽乡村建设中发挥越来越重要的作用。

（二）种质资源及育种进展

1. 资源分布

乌桕属植物约 120 种，广布于全球，但主产热带地区，尤以南美洲居多。乌桕为乌柏属雌雄同序组代表植物，在国外，主要分布于日本、越南和印度北部；欧洲、美洲和非洲亦有栽培。在 18 世纪末，为发展美国当地的肥皂产业，乌桕被美国相关部门引入乔治亚州，随后凭借极强的适应能力，迅速扩张至美国南部地区，横跨墨西哥海湾。

我国有乌桕属植物 9 种，多分布于东南至西南部丘陵地区。我国是乌桕主要的原产地和分布区，以秦岭 - 淮河一线为北界，甘肃南部、四川和云南西部为西界，海南南部为南界，东海岸为东界，均有乌桕栽植。分布范围在 $18°30'\sim35°15'N$、$98°40'\sim122°00'E$。同时，乌桕的垂直生长跨度也相对较大，生长的最高海拔可达 2800m，但主要集中于 1000m 以下。

2. 育种进展

新中国成立后，我国对乌桕开始了生物学特性、品种类型等全方面研究。20 世纪 60 年代左右，开展了乌桕良种的选育；1982 年成立了全国乌桕科技协作组，开展了资源调查与品种选育。目前野生分布和人工栽培的乌桕植株都是当时选育后的杂种。近年来，乌桕转向彩叶树种发展，其秋叶色彩类型较为丰富，大致划分为绿、紫、红、橙、黄 5 个色系，观赏价值较高。湖北大悟、皖南塔川等地利用丘陵岗地大面积种植乌桕，已开发以乌桕为特色的红叶观赏区，并有一定影响力。但由于观赏品种育种工作滞后，目前栽培应用的乌桕多为实生繁殖，秋季叶色差异明显，观赏期不一致，尚不能满足园林绿化中对彩色化景观精准设计的需求。近年来，我国科研人员选育出一批色彩艳丽、性状稳定、观赏价值高的乌桕无性系品种，全国已有 24 个植物新品种获授权，乌桕彩叶景观品种缺乏的问题得到了初步改善。

（三）栽培历史及浙江省品种创新

1. 栽培历史

乌桕是我国的原生树种，成书于北魏末年的《齐民要术》古籍中就已有记录。我国利用、栽培乌桕已有 1400 余年的历史。在长江流域发展以收籽榨油的乌桕种植业，有 500 余年的历史；在乌桕产区进行乌桕选种和采用嫁接方法繁殖良种，有 400 余年的历史。经过几百年种植业的发展，形成了六大乌桕产区，即浙皖山丘产区、浙闽山丘产区、大别山产区、汉江谷地产区、长江中游南部山丘产区、金沙江谷地产区。全国乌桕林面积已达 50 万 hm^2，年产柏籽 10 万 t 以上。浙江省是乌桕的主要栽培区域之一，江浙之地，凡山坡地头、村旁溪畔，皆可见乌桕。尤以钱塘江流域及金衢盆地种植最广，开发利用较早，素有"乌桕之乡"美称。

2. 品种创新

聚焦美丽中国建设对彩叶树种的需求，针对当前实生培育的乌桕秋叶叶色一致性较差、色彩鲜艳亮丽的植株比例偏低，不能满足城乡绿化彩化对"多彩、多姿、多功能"景观精准设计的问题，近年来，浙江省乌桕育种团队积极开展种质资源调查、收集、评价和品种选育。截至目前，已完成了乌桕原主产区、现集中分布区 8 个省份的资源调查收集工作，收集保存油用种质 54 份，优异观赏种质 192 份；选育出 17 个高产无性系并通过省无性系鉴定；培育出色彩艳丽、性状稳定、观赏价值高、具有自主知识产权的乌桕新品种 14 个，其中秋叶红色新品种 5 个：'红紫佳人''红翡翠''绚丽和山''争艳''漫山红遍'，秋叶紫色新品种 3 个：'浦大紫''紫玛瑙''紫玲珑'，秋叶黄色新品种 6 个：'黄金甲''黄金乙''黄金丙''灿烂''辉煌''朝霞'，数量占全国的 58.3%，居全国之最。

乌桕彩色系列品种的培育和应用，已为乌桕这一传统经济树种赋予了新的应用使命，在提升城镇生态景观、国土绿化中发挥更加优美的绿化生态景观效果，既能吸引多种鸟类、蝶类，提升区域生物多样性，也可有效提升绿地在景观上的美感度和社会生态效益。

（四）育种和栽培管理

乌桕可通过自然杂交、人工杂交和诱变等方式获得植物新品种。我国野生乌桕自然杂交变异丰富，目前新品种多为野生优株选育而来，科研工作者已开展了叶色变异丰富、观赏期长的亲本间的人工杂交，以期望获得能满足新需求的优异种质。

乌桕一般采用嫁接繁殖。以 1~2 年生实生乌桕为砧木，选取母树树冠中上部的生长健壮、无病虫害、芽眼饱满的 1 年生春梢或组织充实的夏梢中段做接穗，接穗粗度以 0.7~1.0cm 为宜。接穗在树体休眠期均可采集，于 3 月底至 4 月初用切接法嫁接，成活率达 85% 以上。乌桕喜光，不耐阴，喜温暖湿润环境，适宜种植于平地开阔地带和低山疏林地。对土壤要求不严，在低山丘陵黏质红壤、山地红黄壤和沿河两岸冲积土、平原水稻土等立地上都能生长，以土层深厚、湿润肥沃的土壤最为适宜。冬季至翌年早春的乌桕休眠期内均可造林。注意防治乌桕黄毒蛾和刺蛾类害虫。

（五）新品种介绍

1. '红翡翠'（品种权号 20150168）

为乌桕野生特异单株选育而来的新品种。落叶乔木，秋叶红色品种，树冠卵圆形，株形饱满。叶菱形，秋色叶正面为红色，背面为橙色。观叶期一般为 11 月中旬至 12 月上旬，秋色叶持续时间长，极具观赏价值。适宜栽植于长江流域及其以南各地，如浙江、湖北、四川、贵州、安徽、云南、江西、福建以及河南的淮河流域地区。

2.'争艳'（品种权号 20220212）

为乌桕自然变异单株选育而来的新品种。落叶乔木，株形呈圆头形，分枝密度中等。幼树树皮灰褐色，表面光滑。当年枝秋季灰绿色，皮孔呈点状密集，着生叶片密度中等。叶互生，叶柄长度中等，叶柄红色；叶菱形，最宽处位于中部，叶尖短尾尖或突尖，叶基圆形，春季叶紫红色，夏季绿色，秋季上表面颜色为红色 RHS46A，下表面颜色为红色。秋叶变色期为中（10 月 30 日前后），落叶期晚（11 月 22 日前后），观赏期为 25 日左右。

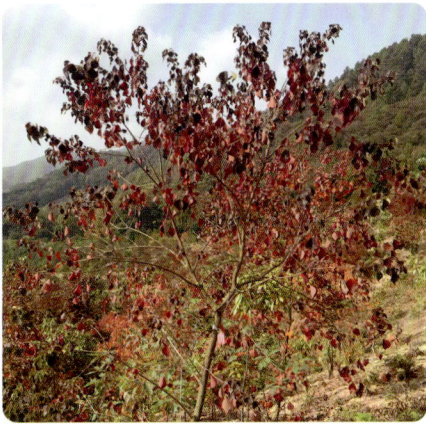

3.'漫山红遍'（品种权号 20220213）

为乌桕野生特异单株选育而来的新品种。落叶乔木，株形圆头形，长势中等，分枝稀疏、斜上。幼树树皮灰褐色，表面光滑。叶互生，叶柄长度中等、黄绿色；叶卵圆形，最宽处位于中下部，长宽比 > 1，叶尖钝尖，叶基宽楔形，基部侧脉外露明显，上表面叶脉凸，质地厚，春、夏叶色为绿色，秋季上表面颜色为紫灰色（RHS185A），下表面颜色为红色。秋叶变色期为中，落叶期晚，观赏期为 30 日左右。

4. '黄金甲'（品种权号 20150167）

为乌桕野生特异单株选育而来的新品种。落叶乔木，秋叶黄色品种。树冠倒卵形。叶菱形。变叶时间较红叶品种早，落叶期晚。观赏期为 10 月 20 日至 11 月 15 日，色亮极具观赏价值。

5. '黄金乙'（品种权号 20180931）

为乌桕野生特异单株选育而来的新品种。落叶乔木，秋叶深黄色，极具观赏价值，落叶期晚。树冠整齐，叶形秀丽，成熟时的果十分美观，秋叶经霜时满树金黄。可孤植、丛植于草坪和湖畔、池边，在园林绿化中可栽作护堤树、庭荫树及行道树。

6.'灿烂'（品种权号 20220214）

为乌桕自然变异单株选育而来的新品种。落叶乔木，株形圆头形，分枝密度中等、斜上。幼树树皮灰褐色，表面光滑。叶互生，叶柄长度中等、绿色；叶菱形，叶面积小，最宽处位于中部，长宽比≈1，叶尖短尾尖，叶基宽楔形，上表面叶脉平，春、夏叶为绿色，秋季上表面颜色为橙灰色（RHS 163B），下表面颜色为黄色。秋叶变色期为中（一般在 10 月 30 日前后），落叶期晚（一般在 11 月 25 日前后），观赏期为 25 日左右。耐寒、耐暑性强，抗病虫性中等。

7.'紫玛瑙'（品种权号 20170053）

为乌桕野生特异单株选育而来的新品种。落叶乔木，叶片心形，秋叶紫色，色叶持续时间长，极具观赏价值。成熟时的果实十分美观，若与亭廊、花墙、山石等相配，也甚协调。冬日白色的乌桕子挂满枝头，经久不凋，也颇美观。可孤植、丛植于草坪和湖畔、池边，在园林绿化中可栽作护堤树、庭荫树及行道树。在城市园林中，可作行道树，栽植于道路景观带，也可栽植于广场、公园、庭院中，或成片栽植于景区、森林公园中，能产生良好的造景效果。

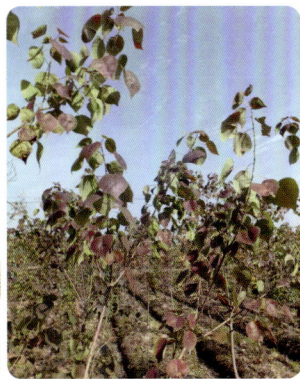

8. '红紫佳人'（品种权号 20190340）

为乌桕资源收集中特异单株选育而来的新品种。落叶乔木，秋叶红色品种。树冠圆头形。主干树皮灰色。侧枝生长势中等，一年生枝皮孔密度中等；一年生枝灰色，当年生嫩枝黄绿色；夏梢中部 20cm 间叶片数量多，树冠浓密。叶片为菱形，纸质，大小中等，长宽比 ≈1；叶尖长渐尖，叶片基部为楔形；叶柄长度中等；秋季叶片一般在 10 月 25 日前进入变色期，叶表面颜色由绿色变为紫色后再变为红色（RHS46A）直至落叶；落叶期较晚，一般在 11 月 20 日之后，观赏期 30 日左右。

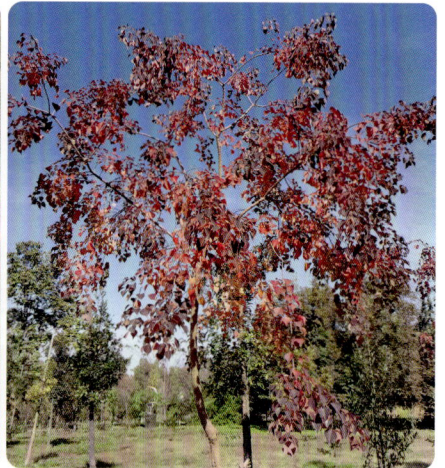

9. '浦大紫'（品种权号 20180397）

为乌桕资源收集中特异单株选育而来的新品种。落叶乔木，秋叶紫色品种。树冠浓密，株形卵形，生长势中等，分枝斜展，具皮孔。叶片螺旋状互生，叶片形状宽圆且大，长宽比 < 1，叶片最宽部位在叶片中部；叶片纸质，全缘，上表面叶脉平铺；叶尖尾尖或突尖，叶基圆形；叶柄长度长，平均约 8.4cm；秋季上表面颜色为紫色，背面浅绿色。观赏期为 10 月下旬至 11 月中旬。

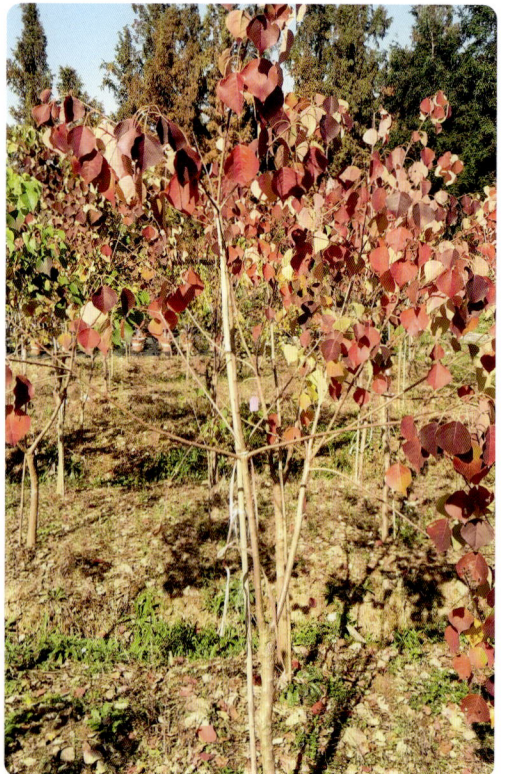

浙江 生态观赏植物新品种

10. '朝霞'（品种权号 20220211）

为乌桕野生特异单株选育而来的新品种。落叶乔木，株形圆头形，生长势中等，分枝稀疏，斜上。叶互生，叶柄绿色，长度中等；叶扁菱形，最宽处位于中部，长宽比＜1，叶尖尾尖，叶基宽楔形，上表面叶脉平，春、夏叶色均为绿色，秋季叶色正面为橘灰色（RHS170A），背面为黄色。秋叶变色期为中（一般在10月30日前后），落叶期晚（一般在11月25日前后），观赏期为30天左右。耐寒抗高温性强，病虫害抗性中等。

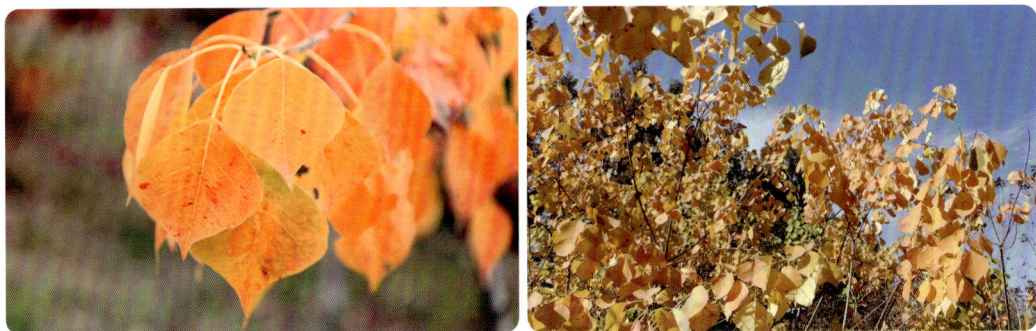

11. '辉煌'（品种权号 20220215）

为乌桕自然变异单株选育而来的新品种。落叶乔木，株形圆头形，分枝稀疏、斜上。幼树树皮灰褐色，表面光滑。叶互生，叶柄长度中等、绿色；叶扁菱形，叶片宽大（10.80 ± 0.82cm），叶面积（56.07 ± 7.18cm^2），最宽处位于中部，长宽比＜1（0.69 ± 0.02），叶尖短尾尖，叶基宽楔形，上表面叶脉平，春季和夏季均为绿色，秋季上表面颜色为橙灰色（RHS163B），下表面颜色为黄色。秋叶变色期为中（11月1日前后），落叶期晚（11月25日前后），观赏期为25日左右。耐寒耐暑性强，病虫害抗性中等。

（六）新品种推广及应用

通过组织实施中央财政林业科技示范推广项目，浙江省乌桕育种团队营建观赏乌桕苗木培育示范基地 55 亩，累计培育 2~3 年生良种苗木 2.8 万株，苗木价值提高 20%；营建标准化管理的观赏乌桕采穗圃 6 亩，乌桕彩色森林和通道彩化示范推广基地 1120 亩。

乌桕新品种'红紫佳人'叶色艳丽、观赏期长，综合观赏性状优良，已实现了商品化培育的知识产权授权，为乌桕属新品种的首次，基于新品种及配套栽培技术在云和、青田和永康等县（市）的美丽林相、生态廊道等省林业重点工程中得到了示范推广，助推了千万亩森林质量精准提升和浙江"大花园"建设。'红翡翠''黄金甲'叶色明艳，树冠整齐，在园林绿化中应用广泛，已在余杭基地、郑州市中原现代花卉科技博览园推广 2000 株以上，均表现良好。'朝霞'为首个橘红色系的新品种，丰富了乌桕叶色，'漫山红遍'为首个山乌桕新品种。

二、槭树 Aceraceae

无患子科　Sapindaceae（原槭树 Aceraceae）
槭　属　*Acer*

（一）生物学特性及应用价值

槭树是原槭树科树种的泛称，原槭树科包含槭属和金钱槭属（*Dipteronia*）2 个属，是彩叶植物中极具代表性的重要树种。槭树多为小乔木，偶灌木或大乔木，分常绿和落叶，多数落叶种类在秋季叶片凋落之前变为红色、黄色，色彩丰富，也有一些种类的嫩叶颜色鲜艳，是重要的秋色叶、春色叶乃至春秋色叶树种。树姿优美立体，叶色花色多变，叶形、果形丰富，季相色彩浓郁饱满，观赏期稳定持久。

槭树可塑性强，通过整枝、整形、修剪以及定向培育等方式可做成不同式样的盆景造型。槭树树形错落有致，树枝千姿百态，叶果丰富多彩，是世界各国园林绿化中应用最为广泛的彩叶树种之一，可丛植、孤植等，利用大规模群植（红色系列槭树）营造红色海洋或采用不同的槭树构成五彩斑斓的秋景，还适用于专类园建设。彩叶植物具有色彩鲜艳、观赏期长、易于形成大色块景观的特点，可以弥补现代城市中色彩单一的缺点，应用前景广阔。槭树同时也是一种经济性植物，部分槭树物种还被列为国家级保护野生植物。有些种类还具有药用、食用和工业价值，是一类具有重要文化、科学、生态和经济价值的植物。

（二）种质资源及育种进展

1. 资源分布

槭属是槭树科的第一大属，全世界约有 200 种，广泛分布于亚洲、欧洲、北美洲和非洲北缘，集中分布于东亚；中国约有 150 种，约占世界槭属种类的 75%，是世界上槭属植物分布种类最丰富的国家。主要分布于云南、贵州、四川、江西、浙江等省份，由于长江流域有 100 多种，占世界槭树种类的一半以上，因而被植物学家称为槭树的起源地和现代分布中心。在我国分布广、栽培多的落叶观叶槭树主要有鸡爪槭（*A. palmatum*）、色木槭（*A. pictum* subsp. *mono*）、茶条槭（*A. tataricum* subsp. *ginnala*）、三角槭（*A. buergerianum*）、元宝槭（*A. truncatum*）、日本槭（*A. japonlcum*）、樟叶槭（*A.*

egundo）、青榨槭（*A. davidii*）、秀丽槭（*A. elegantulum*）、毛果槭（*A. nikoense*）、天目槭（*A. sinopurpurascens*）、尾叶槭（*A. caudatum*）、杈叶槭（*A. ribustum*）、细裂槭（*A. stenolobus*）等；常绿槭树种类主要有金沙槭（*A. pazii*）、平坝槭（*A. shihweii*）、角叶槭（*A. sycopseoides*）、富宁槭（*A. paihengii*）、异色槭（*A. oblongum*）、樟叶槭（*A. coriaceifolium*）、革叶槭（*A. coriaceifolium*）、灰毛槭（*A. albopurpurascens*）、亮叶槭（*A. lucidum*）、剑叶槭（*A. lanceolatum*）等。

浙江槭属自然分布有 35 种，其中天目山 22 种，由于天目山独特的地理环境非常适合槭树繁衍，成为浙江槭树分布中心，其中羊角槭（*A. miaotaiense*）特产于临安（西天目山），生于海拔 800~870m 沟谷阔叶林中，杭州市区、临安、鄞州、普陀有引种，为浙江特有第三纪孑遗种，为国家二级保护野生植物；安徽槭（*A. ceriferum*）产于安吉、临安，分布于浙江、安徽，为浙江省重点保护野生植物；天目槭叶片较大，入秋经霜后变红色，可作园林观赏树种。

2. 育种进展

槭树种类较多，经过自然变异及人类的杂交育种，目前槭树园艺品种有 2000 多种，欧洲、美国、日本的槭树资源虽然较少，但目前在槭树品种选育方面已达到较高水平，现槭树园艺品种主要为日本、美国、荷兰等种业发达国家选育，可用于盆栽、盆景及多样化的园林应用形式。日本是引种、培育红叶槭树最好的国家，可以说日本的秋天是槭树红叶的海洋。2000 年，以红花槭（*A. rubrum*）为母本繁育的美国红枫红遍欧美，至今在中国园林园艺界业也十分盛行。在加拿大，每年都要举行盛大的"槭树节"，以槭叶为标志的商品和印刷品比比皆是，加拿大国旗上也飘洒着一片红艳的槭叶。

中国虽然有较为丰富的槭属种质资源，但各方面起步相对较晚。近年来，从中央到地方高度重视生态环境建设和种业振兴，针对国内槭树种质资源存在结构单一、逐渐退化趋势等问题，需通过选育技术来丰富其种质资源，提高槭树的生物多样性，同时全国槭树育种工作者要加强种质资源收集、引种和品种创新。截至 2023 年年底，全国已育成具有自主知识产权槭树新品种 79 件，其中浙江选育槭树新品种 18 件。

（三）栽培历史及浙江省品种创新

1. 栽培历史

中国栽培槭树历史悠久，历来颇受人们的喜爱，如西晋文学家潘岳在《秋兴赋》中有"庭树槭以洒落"之句，明代柳应芳的《赋得千山红树送姚园客还闽》中有"槭槭深红雨复然"的描绘，可见古人对槭树秋叶之青睐。槭树科植物起源于侏罗纪时期中国的南部地区，此后逐渐向西、向南和向东北方向扩散，华东地区是中国槭树园林运用较好的地区，如南京的中山陵、雨花台和栖霞山，杭州的西湖景区和植物园等，槭树已成为城市生态系统和景观园林的主要树种之一。

2. 品种创新

浙江省在槭树种质资源保护方面做了大量基础工作，也是国内较早开展槭树引种栽培和杂交育种研究的省份之一。以宁波祝志勇教授领衔为主的槭树育种团队，于2010年开始槭属种质资源收集、引选和资源圃建设，面向国内外收集槭树原种和园艺品种，建立槭树种质资源圃50亩，收集原种50种，园艺品种近450个，为育种创新奠定良好基础。利用自然变异选育（芽变、单株变异）、核辐射育种（137Cs-γ辐射秀丽槭、鸡爪槭种子）、人工促进杂交育种（花期基本一致，人工配置）和多倍体育种（化学药剂处理种子及芽）等方法，已培育一大批观赏性好、抗性强的优良植物新品种，已获国家授权新品种18个，累计审（认）定省级良种6个。通过不断丰富槭树品种，以此满足国土绿化彩化、城乡园林造景的需求和人民对美好生活（赏槭树彩林）的向往。

（四）育种和栽培管理

槭树种质资源创新的关键是利用现有的槭树品种自然变异、辐射诱变加人工选择的技术，培育出槭树新品种，实现其花色、果形等改变。对于新产生的槭树品种，还需通过基因测序的技术将其基因序列保存下来，使其成为槭树基因库的组成部分。

槭树宜采用秋季或春季嫁接繁殖，秋季嫁接一般在9~10月进行，春季嫁接需在萌芽前进行，以1~2年生秀丽槭、鸡爪槭等实生苗为砧木，切接或腹接均可，嫁接成活后，当年生长较缓慢。幼时可在林下生长，为弱喜光树种，耐半阴，夏季在阳光直射处孤植，叶片有轻度灼伤现象；喜温暖湿润气候及肥沃、湿润而排水良好之土壤，耐寒性强，微酸性、中性土均能适应。栽培时苗木要修枝打叶，裸根苗要打泥浆，苗木要随起随栽。

（五）新品种介绍

1.'靓亮'（品种权号 20210713）

为从秀丽槭实生苗中选育的新品种。落叶小乔木。主枝斜展，分枝密度中等。叶片纸质，基部深心形，掌状5裂，裂片长披针形，先端渐尖，边缘具有锯齿，裂片深度中等；春夏秋季叶片呈现不同色彩，新叶主色黄色，春叶具有光泽，成熟春叶主色绿色，次色浅黄色。观叶期3月下旬至6月。生长较快，抗高温，适宜长江三角洲及云南、贵州、四川等地栽培。可广泛应用于景观绿化、庭院绿化，也可以盆栽作为室内观赏植物。

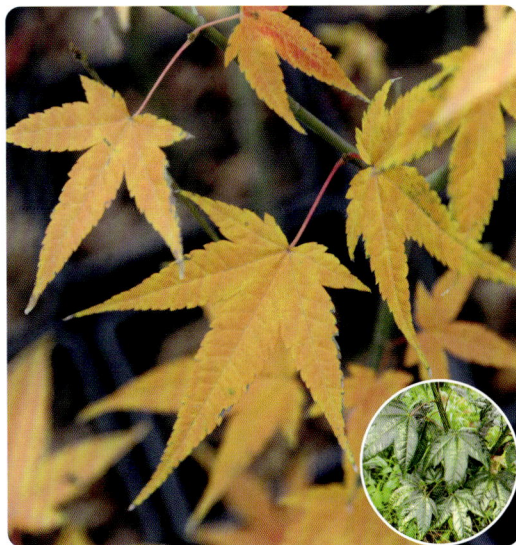

2. '红颜珊瑚'（品种权号 20210714）

为从'赤枫'嫁接苗中选育的新品种。落叶小乔木。叶片纸质，冬季及春季展叶前枝条鲜红色；单叶对生，掌状 5 裂，裂片披针形，先端锐尖，边缘具细锯齿；嫩叶紫红色，格外引人注目；春叶紫红色，夏叶渐渐变为黄绿色，秋天叶子变为黄色或赤茶色。观赏期为春季 3~5 月观叶（紫红色）和冬季 11 月至翌年 2 月观干（红色）。生长较快，抗性较强，适宜长江三角洲、云南、贵州、四川等地栽培。可广泛应用于景观绿化、庭院绿化，也可以盆栽作为室内观赏植物。

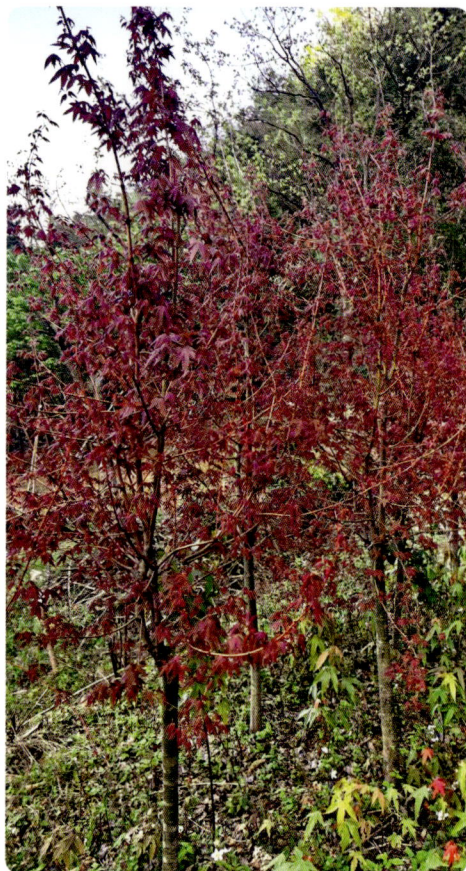

3. '四明锦'（品种权号 20210715）

为从鸡爪槭实生苗中选育的新品种。落叶小乔木。主枝斜展，分枝密度中等。叶片纸质，基部深心形，掌状 7 裂，裂片长披针形，先端渐尖，边缘具有锯齿，裂片深度中等；叶片次色呈斑状不规则分布，新叶主色绿色，次色黄色；成熟春叶主色绿色，次色浅黄色。观赏期 3 月下旬至 6 月（出锦）。生长快，抗性较强，喜温凉湿润气候，适宜浙江、安徽、福建、上海、江西、江苏、湖北、云南、贵州、四川等地栽培。

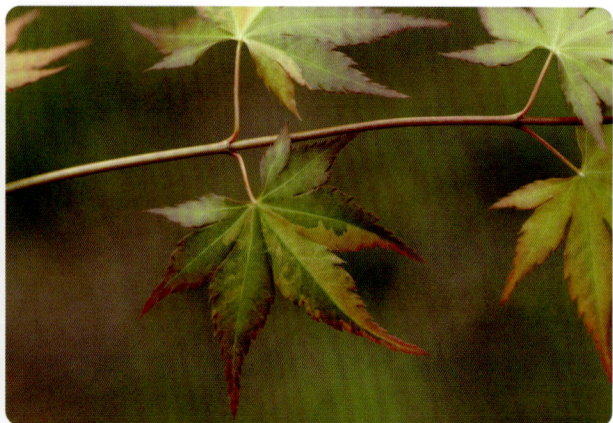

4.‘彩褶’（品种权号 20200162）

为苗圃秀丽槭实生苗芽变培育而来的新品种。落叶乔木。叶片厚纸质，基部近于心形，掌状 3~5 裂，中央裂片与侧裂片披针形或不规则，叶片边缘稍具有波状褶皱，先端长渐尖，边缘稍有锯齿；春叶绿褐色边缘带有轮状玫红色，夏叶绿色边缘带有轮状黄色。当年生枝条生长季绿褐色。主要通过嫁接繁殖，适宜栽培区域为长江中下游地区，喜温暖湿润气候和肥沃、深厚的微酸性或中性土壤。

5.‘绯虹’（品种权号 20160068）

为鸡爪槭自然变异选育而来的新品种。落叶乔木。当年生枝条紫红色，多年生枝条灰绿色。叶片纸质，基部心形或近于心形，掌状 5~9 裂，边缘具有尖锐锯齿，秋叶黄色；花期 3~4 月，伞房花序顶生；花萼片 5，紫红色；花瓣 5，淡黄色。翅果朝上生长，多而密，幼时深红色，成熟时棕黄色，坚果球形，幼时黄绿色，后渐渐转为深红色，成熟时为棕黄色，两翅张开成钝角。主要通过嫁接繁殖，适宜栽培区域为长江中下游地区，喜温暖湿润气候和肥沃、深厚的微酸性或中性土壤。

6.'粉黛'（品种权号 20160050）

为秀丽槭实生苗芽变培育出的新品种。落叶乔木。当年生枝条玫红色。叶片纸质，基部平截或近于心形，掌状 5 裂，裂片长卵圆形，先端渐尖，边缘具尖锐锯齿，裂片深达叶片的 1/2~3/4；新叶玫红色，成熟春叶玫红色或玫红色与紫红色相间，初夏叶粉色或粉绿色相间，7 月底渐变为黄绿色相间，秋叶金黄色。夏季高温抗性较弱。生长速度较快，主要通过嫁接繁殖，适宜栽培区域为长江流域，喜温暖湿润气候和肥沃、深厚的微酸性或中性土壤。

7.'四明火焰'（品种权号 20180350）

为苗圃毛鸡爪槭芽变培育出的新品种。落叶小乔木，生长势中等。当年生枝条绿色或紫绿色，被白色宿存茸毛，多年生枝条灰绿色或灰褐色。掌状 5 或 5~7 深裂，裂片披针形，先端长渐尖，边缘具有锯齿，叶片嫩时两面被短柔毛，后仅下面被长柔毛，叶绿色带有浅黄色花纹，叶柄嫩时密被长柔毛，老时逐渐脱落而多少有毛。花萼片 5，红紫色；花瓣 5，淡黄色。喜温暖湿润气候和肥沃、深厚的微酸性或中性土壤，适宜栽培区域为长江流域。

8.'四明玫舞'（品种权号 20180351）

为苗圃秀丽槭实生苗芽变培育出的新品种。落叶乔木。叶片纸质，基部近心形，掌状 5 偶 7 深裂，中央裂片与侧裂片宽披针形或不规则，先端长渐尖，边缘具有粗锯齿；新叶叶片玫红色沿叶脉带有绿色斑块和斑点，夏叶叶片浅黄色或粉白色沿叶脉带有绿色斑块和斑点，每月颜色变换。生长速度较慢，主要通过嫁接繁殖，适宜栽培区域为长江流域，喜温暖湿润气候和肥沃、深厚的微酸性或中性土壤。

9.'四明梦幻'（品种权号 20200163）

为苗圃秀丽槭实生苗芽变培育出的新品种。落叶乔木。树皮灰绿色。叶片纸质，基部近于心形，掌状 5 深裂，中央裂片与侧裂片披针形或不规则，先端长渐尖，边缘具有锯齿；春叶淡粉色中带绿色斑块或斑点，夏叶绿色中带有浅黄色斑块或斑点。生长速度较快，主要通过嫁接繁殖，适宜栽培区域为长江流域，喜温暖湿润气候和肥沃、深厚的微酸性或中性土壤。

10. '黄莺' （品种权号 20170078）

为苗圃秀丽槭实生苗变异单株培育出的新品种。落叶乔木。当年生枝条黄绿色。叶片纸质，基部深心形或近于心形，掌状 5 裂，裂片长披针形，先端渐尖，边缘具有粗锯齿，裂片深达叶片的 1/2~3/4；新叶红褐色与深红色相间，成熟春叶棕黄色与绿色相间，初夏叶深黄绿色与绿色相间，夏末叶渐变为亮黄绿色与绿色相间。生长速度较快，主要通过嫁接繁殖，适宜栽培区域为长江流域，喜温暖湿润气候和肥沃、深厚的微酸性或中性土壤。

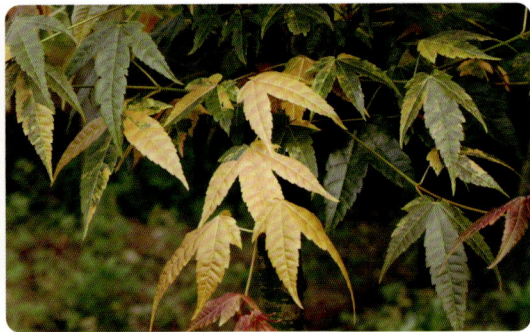

（六）新品种推广及应用

浙江槭树新品种推广以宁波城市职业技术学院槭树团队为主，采用"高校 + 合作社与龙头企业 + 基地 + 农户"四位一体的组织实施模式，形成槭树产业化品种开发、技术集成、技术应用、推广示范、辐射应用联动，建立 70 亩 '金叶鸡爪槭' '流泉' 等良种采穗圃；'四明玫舞'等新品种产业化示范，累计种植 16 万多亩次，培育种苗 3000 多万株，产值 27 亿多元；开展技术培训和品种推广 3000 多人次，育成新品种在宁波、杭州、绍兴、台州、湖州、丽水等省内地区得到种植推广，优化苗木种植结构，创新种苗形态，社会、经济、生态效益显著。"槭树种质创新及产业化利用"成果获浙江省科技兴林一等奖和梁希林业科学技术进步二等奖。

三、冬青 *Ilex* spp.

冬青科　Aquifoliaceae
冬青属　*Ilex*

（一）生物学特性及应用价值

冬青为冬青科冬青属常绿乔木或灌木的总称，树形优美，叶形奇特多样，花色清雅脱俗，果色艳丽光亮，宿存整个秋冬，冬青形态类型多样，观赏性极高，为优良的庭园观赏和城市绿化植物。冬青在世界各国有着深厚的文化内涵，欧美国家常用作重要的圣诞节装饰植物和宗教植物，在世界园艺重要植物中占有一席之地。

冬青属植物是被子植物中种类最多的木本雌雄异株植物属，常绿或落叶乔木或灌木；单叶互生稀对生；叶片多革质，叶形独特多样，如长圆形、椭圆形、卵形或披针形，全缘或具锯齿或具刺；托叶小，胼胝质，通常宿存。聚伞花序或伞形花序；花一般于4~6月开放，花小而密，花色多白色、粉红色或红色；果为浆果状核果，通常球形，成熟时果实通常红色光亮，长期宿存（果期10月至翌年2月）。冬青属植物类型丰富，株形可从灌木到大乔木、从常绿到落叶，其应用形式多样，主要应用场景为公园景观、公共绿地、专类植物园、庭院等。可进行列植（'直立冬青' *I. crenata* 'Sky Pencil'）、孤植（铁冬青 *I. rotunda*、冬青 *I. chinensis*），也可大规模群植（北美冬青 *I. verticillata*）用于营造红色喜庆氛围。冬青属植物也是优良的蜜源植物、用材树种，部分种类还具有食用、药用和工业价值。冬青是比较好的环保树种，可以吸附很多有害气体，也可以有效降低环境的噪音，是不可多得的环保型绿化苗木产品。

（二）种质资源及育种进展

1. 资源分布

冬青属植物是冬青科最大的一属植物，全球约664种，主要分布于美洲热带地区和亚洲热带至温带地区；中国204种，分布于长江秦岭以南各地，浙江有38种。冬青属植物广泛分布于除两极地区之外的世界各大洲，但区域物种多样性差异很大，中国南部和南美洲热带、亚热带山区均有超过200种冬青，而欧洲大部分地区、撒哈拉沙漠以南地区和澳大利亚北部地区均只有1种冬青。

我国是冬青属种质资源大国，约有204种64个变种8个变异类型（149种为特有种），是世界上冬青属种质资源最丰富的国家之一，主要分布于秦岭、长江流域及其以南，尤以西南和华南地区最为丰富，浙江、广东、广西、云南为冬青属植物集中分布区。据统计，广西有冬青属植物97种（包含18变种4变型），广东有75种8变种1变型，湖南、湖北分别有58种和27种4变种，四川有45种17变种5变型，贵州有46种7变种2变型，浙江、福建分别有35种3变种1变型和40种2变种1变型。

2. 育种进展

欧洲枸骨（*I. aquifolium*）在英国有着悠久的栽培历史，诞生了许多园艺品种，在18世纪早期，学名命名还没有形成规范时，常以俗名表示，比如'Eale's Holly''The British Holly''Glory of the East Holly''Fine Phyllis Holly''Painted Lady Holly'等彩叶品种。近代以来，随着对冬青种质资源利用程度的加深，通过尝试不同冬青的杂交组合，冬青品种数量迎来了"井喷"式增长。自1994年以来，美国冬青学会已经注册了115个冬青品种，其中大多数是美国冬青（*I. opaca*）、欧洲枸骨、龟甲冬青（*I. crenata*）、北美冬青、落霜红（*I. serrata*）、枸骨（*I. cornuta*）、光滑冬青（*I. glabra*）、'猫儿刺（*I. pernyi*）、宏达冬青（*I. cassine*）杂交而得的品种。其中龟甲冬青已经有超过500多个品种，且在东亚广受欢迎。

国内有关科研机构和育种单位利用乡土种质资源丰富的优势开展了冬青新品种的选育工作，但起步较晚，仅有20多年历史，主要利用亲本有全缘冬青（*I. integra*）、短梗冬青（*I. buergeri*）、大别山冬青（*I.× dabieshanensis*）等。宁波市农业科学研究院、江苏省中国科学院植物研究所（南京中山植物园）、南京林业大学、江苏省林业科学研究院、杭州园林绿化股份有限公司等单位在冬青育种上也做了大量的工作，取得了较好的进展。随着知识产权保护意识增强，根据国家林业和草原局新品种办公室数据，冬青属植物新品种权申请及授权数量也呈上升趋势。至2023年12月底，共有21个冬青新品种权授权，申请单位主要以科研院所、园林企业为主，其中宁波市农业科学研究院授权数量最多，为9个；从省份分布来看，以浙江省和江苏省获授权最多，分别为13个和6个，安徽省和福建省各1个。

（三）栽培历史及浙江省品种创新

1. 栽培历史

冬青栽培历史悠久，广西汉墓考古中发现，距今已有2000多年的汉代墓葬中常陪葬有铁冬青的树叶和种子。冬青属植物自古以来便被人们栽培利用，文献记载表明，宋朝就有许多种类，包括枸骨、中华冬青（*I. chinensis*）、全缘冬青和龟甲冬青已经用于栽培观赏。元代《辍耕录》、明《唐珏传》中都有栽培冬青的记载。而在遥远的欧洲，西方人对冬青的偏爱同样可以追溯到几个世纪之前，欧洲枸骨在基督教的传说中被视为永生的象征，对基督徒而言，欧洲枸骨多刺的叶片象征着耶稣的荆棘之冠，鲜红的浆果则被比作血滴，而四季常绿的特性则是生的象征。因此，欧洲人也将冬青的俗名取为"Holly"，源于单词"holy"（圣洁）。除此之外，Kristtorn（耶稣的荆棘）是丹麦和挪威语中冬青的名称，有时在德语中也会用 Christdorn。在基督教的传说中，欧洲枸骨还被认为是人们抵御女巫、妖精和魔鬼的护身符。现在，欧洲枸骨已经成为圣诞节的符号，每逢节日来临，人们便把欧洲枸骨制作成花环悬挂在门厅上，驱除邪恶。同时，在文学作品当中，欧洲枸骨也是魔法师驱魔杖的原材料。

2. 品种引进及创新

浙江省是冬青种质资源分布较丰富的地区，也是国内较早开展冬青园艺引种栽培和杂交育种研究的省份之一，是冬青属植物开发规模企业最为集聚的省份。

2006 年，浙江杭州润土园艺有限公司从欧洲引进北美冬青品种进行引种试验，之后又从美国引进北美冬青品种 10 余种，建立了冬青品种资源库，目前在杭州市余杭区径山镇长乐村建立了 130 亩育种基地，用于北美冬青技术研发和品种推广。经过 17 年繁育技术探索和试验，掌握了北美冬青对土壤、气候的适应习性及其生长规律；突破了扦插育苗难题；基本解决了盆栽、切枝等终端产品及栽培技术难题；形成了年产 50 万株优质种苗、5 万盆小盆栽、10 万支切枝的生产能力，已推广应用至黑龙江省铁力市、新疆伊犁市、云南昆明市、福建三明市等 26 个省份 1000 余家单位，累计销售北美冬青优质种苗 500 余万株，直接经济效益近 2000 多万元。迄今全国推广面积 2 万余亩，年新增产值 2 亿多元。

宁波市农业科学研究院章建红正高级工程师领衔的冬青育种团队，加强冬青种质资源收集和品种创新，迄今已收集乡土冬青 30 余种，国外品种 50 余种，浙江省森城种业有限公司、杭州市园林绿化股份有限公司等单位也在冬青育种上取得新进展。截至 2023 年年底，全省已培育出叶形变异丰富、果实特征优良、综合适应性较强的具有自主知识产权冬青新品种 13 个（其中宁波市农业科学研究院培育 9 个，浙江森城种业有限公司培育 2 个，杭州市园林绿化股份有限公司 2 个），不断丰富冬青品种和冬季观果树种，满足国土绿化、城乡美化及丰富冬季园林造景之需和城乡人民对美好生活（如春赏繁花、冬赏红果）的向往。

（四）育种和栽培管理

冬青属植物种资源丰富，有许多证据证明种间杂交现象非常普遍，因而在野生分布植株及实生更新后代存在着丰富的变异，如叶形变异、果色变异等。育种专家可通过人工杂交、实生群体选优及野生资源收集选优等方式，获得冬青新品种。目前有多个研究基于叶绿体基因组、核基因片段等报道了冬青属植物的系统发育树，可为杂交亲本的选择提供帮助。

　　冬青主要通过嫁接和扦插繁殖。冬青属植物适宜种植在湿润半阴之地，喜肥沃土壤，在一般土壤中也能生长良好，对环境要求不严格。当年栽植的小苗 1 次浇透水后可任其自然生长，视墒情每 15 天灌水 1 次，结合中耕除草每年春、秋两季适当追肥 1~2 次，一般施以氮肥为主的稀薄液肥。冬青属植物可通过播种繁殖，其种子具有隔年发芽的特性，需层积催芽一年后播种，园艺品种可通过扦插或嫁接繁殖，但扦插时种间差异较大，除钝齿冬青系列较易生根外，大部分冬青属植物生根时间较长，成活率较低，需进行激素处理。冬青属植物每年发芽长枝多次，极耐修剪。夏季可整形修剪 1 次，秋季可根据不同的绿化需求进行平剪或修剪成球形、圆锥形，并适当疏枝，保持一定的冠形枝态。冬季比较寒冷的地区可采取堆土防寒等措施越冬。

（五）新品种介绍

1.'羽扇'（品种权号 20200149）

　　为从全缘冬青实生苗中选育的新品种。常绿灌木或小乔木。叶片倒卵形，长 4~8cm，宽 3~4cm，叶具齿部位中部以上，叶先端急尖，基部楔形，叶脉下凹明显。花期 3 月底至 4 月初。花朵量多，生长速度中等，抗一定盐碱，观赏性强。株形直立，叶片翠绿，生长强健，可作庭院绿化树种，也可以作为柱状苗、锥状苗、球形灌木栽培。适宜于浙江、福建、江苏南部及长江以南大部分地区栽植。

2.'幸福公主'（品种权号 20200150）

为从全缘冬青实生苗中选育的新品种。常绿灌木。1 年生枝具浅棱。叶片椭圆形，长 2~4cm，宽 1~2cm，先端锐尖，叶先端有 3 枚钝刺齿，叶缘具 1~3 对钝刺齿，边缘皱褶。果柄长度中等，果实球形，量多红色，观赏性强。叶片翠绿，果实红色量大，11 月上旬着色转红，至翌年 2 月下旬落果，是一种优良庭院绿化树种。可作球形灌木、盆栽或切枝栽培。适宜于浙江、福建、江苏南部及长江以南大部分地区栽植。

3.'利剑'（品种权号 20200151）

为从全缘冬青实生苗中选育的新品种。常绿灌木或小乔木。株形开展。叶片长椭圆形，基部楔形狭长，如宝剑状，长 8~11cm，宽 2~3.5cm。果实球形，果皮红色具棱，10 月下旬着色转红，至翌年 1 月下旬落果，观赏性强。叶片翠绿，果形较大、挂果量大，是一种优良庭院绿化树种，可作为球形灌木、盆栽或切枝栽培，适宜于浙江、福建、江苏南部及长江以南大部分地区种植。

4.'丁克骑士'（品种权号 20200152）

为从全缘冬青实生苗中选育的新品种。常绿灌木或小乔木。株形开展。叶革质，矩圆形，长 5~9cm，宽 2~4cm，10 月下旬开始着色转红，至翌年 1 月底落果，但果量小。耐修剪，观赏性强，叶片墨绿，抗性强，是一种优良庭院绿化树种，适宜于浙江、福建、江苏南部及长江以南大部分地区栽植，可以作为球形灌木、刺篱栽培。

5.'大龟甲'（品种权号 20200153）

为从全缘冬青实生苗中选育的新品种。常绿灌木或小乔木。叶片全缘呈椭圆形，长 3.5~5cm，宽 2~3.5cm，叶先端锐尖弯曲，叶横截面外翻。11 月下旬开始着色转红，至翌年 2 月下旬落果，观赏性强。生长速度中等，抗一定盐碱。叶形奇特，抗性强，为优良庭院绿化树种，也可以作为球形灌木栽培。适宜于浙江、福建、江苏南部及长江以南大部分地区栽植。

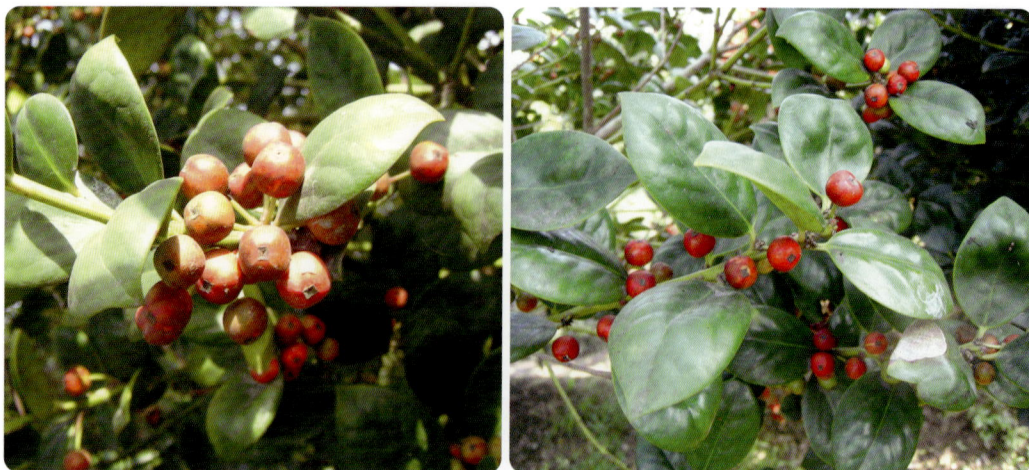

6.‘碧圆’（品种权号 20200155）

为从全缘冬青实生苗中选育的新品种。常绿灌木。叶片倒卵形，长 2~4cm，宽 1.5~2.5cm。果 11 月底至 12 月初开始着色转红，可挂果至翌年 3 月底。叶片肥厚，抗性强，为优良庭院绿化树种，因果实变色期晚，挂果期特长，特别适宜作盆栽，也可以作为球形灌木栽培，适宜于浙江、福建、江苏南部及长江以南大部分地区种植。

7.‘朱露’（品种权号 20230049）

为从全缘冬青实生苗中选育的新品种。常绿小乔木，雌株。株形自然直立，树冠紧凑。树皮灰白色。小枝绿色。叶厚革质，叶片卵圆形（长 4~7cm，宽 3~5cm），叶全缘或先端具刺齿，先端急尖，具 1~3 枚尖刺，叶横截面内折，叶片厚，具光泽。果实球形，红色，果形大，果量大，果期长，可挂果至翌年 3 月底。扦插苗或嫁接苗可作小乔木、柱状及锥状造型苗培育，适宜作庭院树、造型树（柱状、锥状）等，适宜于浙江、福建、江苏南部及长江以南大部分地区种植。

8.'圆舟'（品种权号 20230050）

　　为从全缘冬青实生苗中选育的新品种。常绿小乔木，雌株。树皮灰白色。小枝绿色。叶厚革质，叶片矩圆形（长 5~9cm，宽 4~6cm），叶边缘具粗锯齿，先端钝尖，叶片厚，具光泽。果实球形，红色，果柄短，果紧密簇生于叶腋，果量大，果期长，可挂果至翌年 2 月底。适宜作庭院树等，适宜在浙江、福建、江苏南部及长江以南大部分地区种植。

9.'碧玉王子'（品种权号 20230051）

　　为从全缘冬青实生苗中选育的新品种。常绿小乔木或灌木，雄株。株形开展，主干不明显，枝叶紧密。树皮灰白色。小枝绿色。叶厚革质，叶片窄椭圆形（长 3~5cm，宽 2~3cm），叶基部全缘，中上部具钝刺齿，先端急尖，叶片厚，具光泽。花黄绿色，伞状着生于叶腋。适宜作庭院树、绿篱或球形灌木等，适宜于浙江、福建、江苏南部及长江以南大部分地区种植。

10. '齐金'（品种权号 20210261）

　　为从冬青实生苗中选育的新品种。常绿灌木或小乔木。叶卵形至卵状圆形，叶薄革质，中等大小，长 5~7cm，宽 5~7cm，叶片复色，成龄叶次色分布为黄色，嵌色部分为边缘或少量嵌色。花白色，花瓣数为 4~6 瓣，花期 4~6 月。果实成熟时鲜红色。生长较慢，抗性强。四季颜色表现较佳，冬季挂红果，观赏性强，可广泛应用于景观绿化、庭院绿化，也可以盆栽作为室内外观赏植物，适于秦岭南坡、长江流域及以南广大地区种植。

11. '金烨'（品种权号 20230044）

　　为全缘冬青实生选育的新品种。常绿乔木，株形紧凑，主干明显，自然呈塔状树形，可长至 6m。新叶鲜黄色，老叶绿色，果 10 月下旬成熟转红，成熟后呈鲜红色，可挂果至翌年 2 月。耐寒，耐旱，耐瘠薄。适合孤植于空旷的空间中、河流和道路两旁，作高大绿篱、隔离带。

12. '灿辰'（品种权号 20230486）

为从冬青实生苗中选育的新品种。常绿乔木，雌株，具单干。植株圆锥状，枝条开展。分枝能力强，1 年生小枝 5~10 分枝。幼叶褐红色，老叶中绿色，具光泽；叶片革质，卵形，互生，长 4.2~4.9cm，宽 1.4~1.8cm；先端渐尖，沿纵轴方向先端平直，微弯；叶片横截面近一字形，叶基中楔形，叶缘具疏而不规则的细齿。花期 4 月中上旬，聚伞花序簇生于去年生枝的叶腋内，每束具 4~10 花。果近圆形，果实密度疏，果柄长 4~6mm，直径 4.5~7mm，表皮光泽弱，于 10 月中下旬开始变色，果红色，宿存柱头盘状，挂果期为 10 中下旬至 12 月中上旬。

13. '鸾凤'（品种权号 20230487）

为冬青种间杂交选育的新品种。常绿乔木，具单干。植株圆锥状，枝条开展；幼枝浅绿色，当年生枝粗 5~6mm，无条纹，浅绿色，有皮孔，节间长度长 1.1~3.1cm。幼叶褐红色，老叶中绿色，具中等光泽；叶片厚革质，四角状或不规则；先端锐尖，具一枚刺齿，沿纵轴方向先端反卷，微弯；叶片横截面近一字形，叶基中楔形；叶柄近轴面灰褐色，长 4~8mm。花期 4 月中上旬，单花簇生于去年生枝的叶腋内，每束具 4~10 花；花梗长 10~16mm；花黄绿色，花瓣分离，与子房等长或稍短；退化雄蕊与花瓣等长或稍短，柱头脐状。果椭圆形，果实密度疏，直径 9~13mm，表皮光泽弱，于 10 月中下旬开始变色，果红色，宿存，挂果期为 9 中下旬至 12 月中上旬。

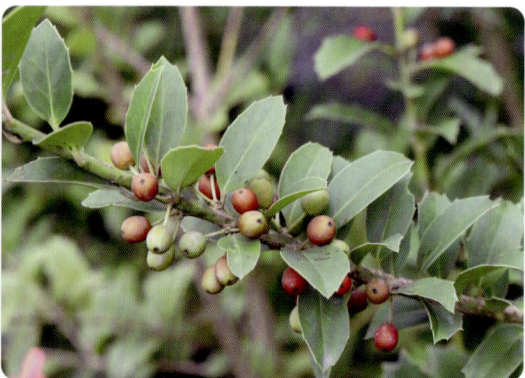

（六）新品种推广及应用

'羽扇''幸福公主''利剑''朱露'于 2020 年 7 月 29 日获得国家植物新品种权，品种权人为宁波市农业科学研究院。该系列品种正在全国开展区域适应性种植示范，深受见者喜爱。'朱露'已在山东南部、江苏南部、浙江舟山等地进行少量推广。'齐金''金烨'品种权人为浙江森城种业有限公司，'金烨'耐寒区为 5~9 区，既可观叶又可观果，适用于庭院园艺产品，也可做切枝观赏，为冬青属中优良新品种，已在浙江、江苏、山东等地进行适应性种植示范，效果佳，基地已有大规格成品苗 5000 余株，小规格半成品苗 20000 余株。

四、蚊母树 *Distylium* spp.

金缕梅科　Hamamelidaceae
蚊母树属　*Distylium*

（一）生物学特性及应用价值

蚊母树为金缕梅科蚊母树属常绿灌木或小乔木的总称，枝叶密集，树形整齐，叶色浓绿，经冬不凋，春日开细小红花非常美丽，是优良绿化及观赏树种。同时对烟尘及多种有毒性气体抗性强，对二氧化硫及氯有很强的抵抗力，也是优良的城市环境树种。因目前浙江蚊母树属新品种均由小叶蚊母树（*D. buxifolium*）选育而来，因而重点阐述其生态特性及应用价值。

小叶蚊母树喜光耐阴，既耐低温又抗高温，耐旱也耐水湿，耐贫瘠，对土壤的适应性强，可在盐碱土中生长，在土壤 pH 值 9.5、含盐量 0.6% 以下，仍生长良好。自然分布在河边或低湿地，据报道，连续浸水 30 天，仍能正常生长。根系十分发达，发枝能力强，一年多次抽梢，耐修剪，容易形成紧密的树冠。

小叶蚊母树生态适应性强，树形紧凑，枝叶浓密，嫩叶颜色丰富，花多色艳，景观效果持久，使其成为良好的造景材料。在园林造景中，可广泛应用于道路隔离带绿化、花坛绿化、庭院绿地等。特别是枝条婆娑、树高增长慢、大面积群植冠面不易乱，非常适合在大型绿地的大型色块、生态绿地的林下地被中使用。此外由于根系发达，还可用于道路和水库的边坡绿化，能很好地满足景观与固土护坡双重需要。可替代传统绿色灌木地被龟甲冬青、瓜子黄杨（*Buxus sinica*）、'龙柏'（*Juniperus chinensis* 'Kaizuca'）、十大功劳（*Mahonia fortunei*）等，也可与红花檵木（*Loropetalum chinense* var. *rubrum*）、金叶女贞（*Ligustrum* × *vicaryi*）等不同彩度不同质地的地被搭配使用，是理想的园林灌木地被新品种。可孤植、丛植于水边、亭边、假山和山坡上。

（二）种质资源及育种进展

1. 资源分布

蚊母树属全球有 18 种，分布于东亚、东南亚及印度，中国 12 种 3 个变种；日本 2 种，其中 1 种同时分布于中国；马来西亚及印度各 1 种；中美洲有 3 种。中国 12 种有 11 种是特有种，主要分布于福建、浙江、台湾、广东、海南、安徽、江西、广西、四川、贵州、云南等地。目前中华蚊母树（*D. chinense*）的主要栖息地遭到严重破坏，大部分野生种群生存已受到威胁，仅在长江及乌江流域河岸有零星分布。中华蚊母树已被列为濒危植物，针对中华蚊母树繁殖研究多见于扦插、播种繁殖。浙江6种，分别是蚊母树（*D. racemosum*）、杨梅叶蚊母树（*D. myricoides*）、闽粤蚊母树（*D. chungii*）、小叶蚊母树、中华蚊母树和台湾蚊母树（*D. gracile*）。其中小叶蚊母树又名节节红，常绿小灌木，分布于广东、福建、浙江等地，多生于河旁、干谷地和低湿洼地，每年2~4月开花，花为红色或紫红色，具有观赏价值，可用于道路隔离带绿化、花坛绿化、庭院绿地等，也可用于制作盆景。

2. 育种进展

随着人类对小叶蚊母树特性认识的不断深入，国内外小叶蚊母树的品种选育受到重视并取得了一定进展。美国已培育了数个品种，我国浙江和湖南也取得一定阶段性成果。蚊母树研究多集中在湖南地区，中华蚊母树的开发则主要在湖北、湖南，而小叶蚊母树的开发利用与品种选育研究多在浙江一带。目前小叶蚊母树的研究主要集中在资源开发、园林应用与品种选育上，已经累计审（认）定小叶蚊母林木良种5个，获国家植物新品种授权8个，不断丰富和满足景观地被设计中的色块植物之需要，并在江苏、浙江一带推广应用取得一定成效。

（三）栽培历史及浙江省品种创新

1. 栽培历史

蚊母树的"蚊母"二字得来有典，《辞海》生物学分部，其注解中有蚊母"树上屡生虫瘿"之语。按照《新华大字典》中的解释：瘿的本义指颈瘤，即脖子上长的一种囊状瘤，俗称大脖子，引申指植物某部分组织，故称蚊母树。蚊母树不仅名字富有深意，也具有深厚的人文价值。21世纪以前，蚊母树属植物栽培主要用于树桩或盆景的应用，20世纪末21世纪初，随着我国城市园林建设的快速发展，地被植物的应用受到空前重视，以小叶蚊母树为代表的一些优良灌木树种受到浙江省园林科技工作者的重视，得到规模化繁殖应用。到目前为止，小叶蚊母树、中华蚊母树等蚊母树植物已在浙江、上海、江苏、安徽、河南、湖北、湖南、福建等许多省份得到推广应用，在浙江丽水市，小叶蚊母树已成为城市园林应用最多的木本地被树种之一。

2. 浙江种质资源分布

蚊母树对二氧化硫及氯有很强的抗性，为重要的园林观赏树种。原产华南及福建、湖南，浙江省各地多有栽培，舟山、古田山两地发现了蚊母树的野生群落。小叶蚊母树产于丽水、温州、衢州市区及开化。生于海拔700m以下山区江河、溪流两岸灌丛中，有时生于河岸石缝间或鹅卵石滩中。枝叶浓密，叶色深绿，花药红艳，极耐修剪，适应性强，为花境、地被、绿篱、石景点缀和制作盆景的优良材料；茎枝坚韧，根系发达，极耐洪水冲刷，适作山区溪河护岸植物。

台湾蚊母树产于舟山及鄞州、象山、温岭。生于低海拔的沿海山地上或海岛阔叶林中，普陀佛顶山有小片纯林，宁波等地也有栽培。分布于我国台湾。抗风耐旱，适应性强，树形优美，可供海岛及园林绿化美化。

中华蚊母树原产湖北、四川和贵州。杭州市区、庆元、泰顺等地有栽培。可作园林地被、绿篱或盆景材料。

杨梅叶蚊母树产于全省山区、丘陵，园林中常有栽培。为优良的绿篱树及庭园观赏树；根可入药，有利水渗湿、祛风活络等功效；材质坚韧，过去常用其制作秤杆。

闽粤蚊母树产于平阳、苍南、泰顺。生于低海拔的山坡林中或村边风水林中。分布于福建、广东。

3. 品种创新

丽水林业科学研究院练发良正高级工程师领衔的蚊母树育种团队，加强品种选育创新和技术攻关，已经累计审（认）定小叶蚊母林木良种 5 个，获国家植物新品种授权 8 个（其中 2 个是森禾种业），包括新叶紫色新品种'丽紫''紫胭'、新叶紫红色新品种'丽玫''雪里红'、新叶金黄色新品种'丽良''丽金''娇黄'、新叶黄绿色新品种'丽姬'，持续满足景观地被设计对色块植物的多样化需求。

（四）育种和栽培管理

1. 选育技术

丽水林业科学研究院练发良等对丽水市及闽北等周边部分区域野生小叶蚊母种质资源进行调查、收集与繁育工作，并进行分类、鉴定与评价，通过对优质小叶蚊母植株进行物候期和生物学特性观察，选择收集性状差异明显植株为初选苗株，按照叶形（含大小）、嫩叶叶色、花色、株形不同，从初选单株中选择多个优株作为品种选育的复选苗株，移植于丽水市莲都区种质资源收集圃中，对复选优株进行特性观测与无性系苗木扩繁，并进一步筛选特征明显、性状优良的复选优株为新品种选育亲本，而后利用每个亲本所扩繁的无性系苗进行品种特性观测、生态生物学特性测试、栽培技术研究及性状稳定性试验等新品种选育的相关研究工作，对符合新品种条件的优良植株进行申报。

2. 栽培管理

可用播种和扦插法繁殖苗木，但品种苗须用扦插繁殖。小叶蚊母移栽成活率高，病虫害少，在苗木生产中应把握好以下技术环节：在苗木种植初期避免苗床积水，苗木种植时避免小苗长时间晾晒，苗木成活后，及时打顶促梢，以培育良好冠形苗木。园林绿化中，一般可以采用带宿土的苗木种植，尤其在非常规季节种植多年生苗木，只有用带土球苗木才能充分保证种植成活率。种植成活的关键是苗木根系的活力和种植技术，关键时期为种植后前 10 天，苗木成活情况能在种后较短时间内表现出来。小叶蚊母树病虫害少，园林绿地中应用后一般不需要进行病虫害防治，养护管理的主要任务是每年进行 2~3 次的修剪，若干旱时间过长，可适时浇水 1~2 次。

（五）新品种介绍

1.'丽紫'（品种权号 20190181）

从收集的野生小叶蚊母资源中选育出的新品种。常绿小灌木。新叶全叶紫色，叶片长度 3.36~4.98cm，平均长度为 4.32cm，宽度 1.10~1.82cm，宽度均值为 1.47cm，叶形指数 2.31~3.78；成龄叶绿色，叶片长倒卵形，全缘，顶端有小齿；两侧托叶不对称，下托叶较上托叶大而长。花紫红色或深紫红色，丽水市区域花期通常 2 月中旬至 3 月中旬，适应较强，栽培成活率高。适合在浙江省非盐碱地应用。

2.'丽玫'（品种权号 20190182）

从收集的野生小叶蚊母资源中选育出的新品种。常绿灌木。枝叶密集，冠形较为丰满匀称。成龄叶绿色或深绿色，嫩叶玫瑰红色或紫红色，以最顶部叶片颜色最深，随叶片老化程度增加逐步变淡，单叶褪色从基部向叶尖部蔓延；叶缘深红色，褪色较叶肉迟；托叶钻形或条形，多茸毛、褐色。花紫红色或杨梅红色，丽水市区域花期通常在2月上旬至3月中旬，花量较少。喜光耐阴，耐热耐寒，病虫害少，适应性强。适宜在浙江、上海、河南、郑州等地及类似区域种植。

3.'丽金'（品种权号 20190182）

从收集的野生小叶蚊母资源中选育出的新品种。常绿灌木。枝条姿态呈拱形。新叶、嫩枝为黄绿色或浅黄色。新叶叶缘金黄色，成龄叶上表面浅绿色或绿色，偶有轻度泛白感，叶面平整；光泽度弱；托叶小，钻形或条形，披棕色毛。花黄色，丽水市区域花期通常在2月上旬至3月中旬。适应性较强，栽培成活率高，适合在浙江、上海、河南、郑州等地及类似区域种植。

4. '雪里红'（品种权号 20220232）

从收集的野生小叶蚊母资源中选育出的新品种。常绿灌木。株形开展，冠形呈扁球形。嫩枝无毛，紫红色；枝条斜生，成熟枝节间长度中，成熟枝分枝量少，颜色为中绿色，无毛。叶芽有毛，密度疏，深棕色；嫩叶无毛，上、下表面颜色为红紫色，上表面无白粉；叶柄短，叶片中等长宽，倒卵形，全缘，革质，叶尖凸尖，叶基楔形，上表面光泽度中，成龄叶上表面中绿色，叶脉不明显，下表面浅绿色。托叶条形。花杂性，无花瓣，始花期早。

5. '丽姬'（品种权号 20220231）

从收集的野生小叶蚊母资源中选育出的新品种。常绿灌木。株形开展，冠形呈扁球形。嫩枝无毛，浅绿色；枝条斜生，成熟枝节间长度中等，分枝量中，成熟枝中绿色，无毛。叶芽批毛密度中，叶芽深棕色；嫩叶无毛，上下表面黄绿色；叶柄短，叶片中等长宽，长椭圆形，叶全缘，革质，叶尖凸尖，叶基楔形，上表面光泽度中，成龄叶上表面中绿色，叶脉不明显；托叶条形。花杂性，无花瓣，始花期中。

6. '丽良' （品种权号 20220230）

从收集的野生小叶蚊母资源中选育出的新品种。常绿灌木。株形开展，冠形呈扁球形。嫩枝无毛，紫红色；枝条斜生，成熟枝节间长度短，成熟枝分枝量多，绿色，无毛。叶芽披毛密，叶芽深棕色；嫩叶无毛，上表面淡黄色，下表面浅绿色；叶柄短，叶片长度中，宽度宽，倒卵形，全缘，革质，叶尖圆钝或凸尖，叶基宽楔形，上表面光泽度中，成龄叶上表面中绿色，上表面叶脉不明显，下表面黄绿色；托叶条形。花杂性，无花瓣，始花期中，雄蕊数量中，花丝红色，花药深紫红色。

7. '紫胭' （品种权号 20190184）

为小叶蚊母树苗圃地优异单株选育的新品种。常绿灌木。初生新叶为蓝紫色，老叶绿色。花柱颜色为淡红色，花药颜色为紫红色。极具观赏价值。主要通过扦插繁殖，在小叶蚊母树的自然分布区域均适于种植，适宜种植于四川、湖北、湖南、福建、广东及广西等省份。

8. '娇黄'（品种权号 20190185）

为小叶蚊母树苗圃地优异单株选育的新品种。常绿灌木。初生新叶为淡黄色，老叶深绿色。花柱颜色为黄绿色，花药颜色为黄色。由 2014 年 3 月 9 日在杭州京可园林有限公司小叶蚊母树苗圃地里发现的优良单株选育而成。主要通过扦插繁殖，在小叶蚊母树的自然分布区域均适于种植，适宜种植于四川、湖北、湖南、福建、广东及广西等省份。

（六）新品种推广及应用

紫色系品种'丽紫'累计已扩繁苗木 5000 余株，红色系品种'丽玫'、黄色系'丽金'累计扩繁苗木均达 50000 余株，广泛应用于园林绿化工程地被，群植观赏效果良好。'雪里红'朵朵小红花颇为美丽，非常适用于营造花境和常规地被应用，也可以作为低矮绿篱使用，累计扩繁苗木 5000 余株。'丽姬'累计扩繁苗木 3000 株以上。'丽良'累计扩繁苗木 3000 株以上，在区域试验点应用，均生长良好。

五、樟树 *Camphora officinarum*

樟　科　Lauraceae
樟　属　*Cinnamomum*

（一）生物学特性及应用价值

樟树又名香樟、樟木、乌樟等，是樟科樟属的常绿高大乔木，为亚热带常绿阔叶林的代表树种。樟树树形雄伟壮观，四季常绿，树冠开展，枝叶繁茂，浓荫覆地，枝叶秀丽而有香气，是作为行道树、庭荫树、风景林、防风林和隔音林带的优良绿化树种。樟树木材具有香气、木质细密、纹理细腻，且抗腐、祛虫，是珍贵家具、雕刻等珍贵用材树种，位列江南四大名木之首。同时，樟树全株富含芳香油，是医药、日用化工、食品、国防和香精香料等工业的重要原料。

樟树是浙江、江西两省的省树，也是南方 26 个城市的市树，包括浙江杭州、宁波、嘉兴、金华、衢州、舟山、台州，是具有较高地位的城市景观绿化和珍贵用材树种。浙江是樟树的主产区之一，古时樟树多作风水树、纳凉树、村庄标志树等，故千年古樟常见，如宁海的晋樟、台州的隋樟、普陀山的唐樟、开化的吴越古樟等，浙江现有百年以上古樟数万株之多。

（二）种质资源及育种进展

1. 资源分布

樟属植物全球有 250 种，分布亚洲、大洋洲的热带至亚热带地区及太平洋岛屿。我国有 49 种，主产于西南部至东南部，其中浙江 14 种。

樟树主要自然分布于中国、日本、朝鲜、韩国、越南、老挝等东亚国家和地区，澳大利亚和美国等国家也将樟树作为园林绿化树种进行了引种栽培。在我国，樟树广泛自然分布于长江以南区域，主要集中在浙江、江西、福建、湖南、湖北、广东、广西、四川、重庆、贵州、台湾等地，种质资源丰富。樟树喜温暖湿润气候，不耐寒冷，一般适生于年均气温 16℃以上、绝对低温 –10℃以上地域。樟树对土壤要求不严，在土层深厚肥沃的黏壤土、砂壤土及酸性土、水稻土、中性土中发育均佳，在含盐量 0.2% 以下的盐碱土内亦可生长。目前山东、河南等地也相继引种樟树，并获得成功。

2. 育种进展

早在 19 世纪初期，英国皇家植物园邱园等植物园就已经保存了部分樟树资源。我国樟树种质资源收集保存工作起步较晚。1998 年，中国林业科学研究院姚小华等人收集保存了我国樟树全自然分布区内 14 个省份 47 个种源，建立了我国首个樟树种质库。此后，福建农林大学、广东省林业科学研究院等单位开展了一系列的资源收集工作，但收集范围较小，多数仅覆盖省内资源，未能充分挖掘樟树材用和观赏价值。2008 年，江西省观赏植物遗传改良重点实验室团队按照造林、绿化需求对中国大陆樟树自然全分布区内樟树种质资源进行系统的收集，共收集保存 15 个省份 76 个种源 1262 个家系，并建立了省级樟树种质资源库。2014 年，宁波市林业局林特种苗繁育中心联合浙江农林大学，在樟树分布区浙江、江西、福建、湖南等 8 个省份共收集保存了优良种质资源 219 份，建立了较为完备的种质资源保存库，为樟树的观赏性状遗传改良奠定了较好的基础。总体来看，相对于我国丰富的樟树种质资源而言，收集保存工作仍有较大空间。

近年来，樟树的种质创新研究日渐增多，2009 年以来获得国家植物新品种授权的樟属新品种共 18 个，其中浙江 4 种，江西 6 种，湖南 3 种，广西 2 种，北京、江苏和湖北各 1 种。主要包括具有观赏性的新品种和精油化学利用的新品种。以叶色、枝干为主要观赏特征选育出了'涌金''御黄''霞光''焰火''盛赣''如玉''赣彤 1 号'和'赣彤 2 号'等樟树新品种，其叶色、初生枝以红黄色系为主，个别呈紫色、粉色，色彩艳丽，观赏价值较高，园林绿化推广应用价值极大。此外，还有以樟树的芳樟醇、柠檬醛等化学物质含量为主要选育目标，选育出的'龙脑樟 L-1''龙脑 1 号''洪桉樟''桂樟 1 号''柠香''怀脑樟 1 号'和'吉龙 1 号'等新品种，在化学利用方面具有较大的开发价值和推广前景。

（三）栽培历史及浙江省品种创新

1. 栽培历史

浙江省自古以来就有栽种樟树的习惯，现存的百年以上古樟树有数万株之多，如丽水莲都区的晋代古樟，树龄已有 1700 余年，有"浙江第一古樟"之称，并于 2023 年入选"全国 100 株最美古树"。另外，还有宁海的晋樟、台州的隋樟、普陀山的唐樟、开化的吴越古樟等，各具特色，历史悠久。随着浙江省绿化造林工作的推进，目前樟树几乎遍布全省各地。

2. 品种创新

浙江省一直以来高度重视樟树品种创新研究工作，先后组织实施了樟树的种质资源评价、新品种选育、繁育利用等方面的项目课题。'涌金'是全国最早选育出的彩叶樟树新品种，早在 1999 年宁波市林业局林特种苗繁育中心王建军便从自然变异的樟树实生苗中发现了该特异品种，后经过 10 余年的不断培育、观测，确定其具有特异性、稳定性和一致性，于 2009 年获得国家植物新品种授权。'涌金'春季初生新叶呈金黄色，成熟后呈淡黄色；夏季初生新叶呈黄白色，成熟后先转浅黄色，秋季转黄色，极具观赏价值。之后从'涌金'的自然杂交后代中选育出新品种'霞光'和'御黄'，分别获得国家植物新品种授权。'霞光'具有鲜红色新叶、金黄色花和红色枝干。'御黄'新叶呈鹅黄色，成龄叶呈黄色或浅黄色；初生枝为红色，半木质化后为浅红色，木栓化后为黄色或棕色。这两个品种均具有较高的观赏价值和推广应用前景。

（四）育种和栽培管理

樟树新品种可通过自然杂交、诱变和人工杂交等方式选育获得。我国樟树种质资源丰富，通过种质资源保存库的建设，有利于促进自然杂交得到新品种。此外，诱变和人工杂交也是培育新品种的重要途径，其中人工杂交可以有目的性地选育理想新品种。

目前香樟新品种主要通过嫁接和扦插繁殖。嫁接：在春季采用樟树砧木劈接法嫁接，小苗采用低位嫁接，大树建议高接换种。扦插：4~5 月或 9~10 月间采用当年半木质化枝进行扦插。香樟新品种主芽一般生长稍慢，侧芽生长较快，在生产培育上要经常对侧芽进行摘心，以促进主芽生长。常见虫害有樟颈曼盲蝽、樟巢螟、樟叶蜂等，可用可湿性吡虫啉粉剂、丙溴辛硫磷、敌百虫等进行喷洒防治。主要适宜栽培区为长江中下游以南地区的浙江、江苏、上海、江西、湖南、广东、广西、福建等地。适宜作园林景观树、庭院树、行道树等。栽种环境以低山平原为主，喜温暖湿润的气候和肥沃、深厚的微酸性土壤或中性土壤，在弱碱性土壤中生长不良。

（五）新品种介绍

1. '涌金'（品种权号 20090009）

为从香樟实生苗中选育的新品种。常绿高大乔木。新芽萌动期为 2 月底至 3 月初，新芽呈棕红色或红色；展叶期为 3 月中下旬，初生新叶呈金黄色，中脉和一级侧脉周围叶肉略呈红色；叶片完全成熟后，呈淡黄色，夏季初生新叶呈黄白色，成熟后转浅黄色，秋季后叶转黄色。初生新枝为嫩黄色，半木质化后为浅红色，9 月中旬后逐步转鲜红色，1~3 年生枝干表皮未木栓化时呈红色，4 年生后，枝干表皮木栓化后呈黄色或棕色。

2.‘霞光’（品种权号 20120074）

为从香樟实生苗中选育的新品种。高大常绿乔木。新芽萌动期为 2 月底至 3 月初，新芽呈红色；展叶期为 3 月 10~25 日，初生新叶呈艳红色或鲜红色，随着叶片的不断成熟，叶色从艳红变红色、暗红色、橙黄色；夏季初生新叶叶色黄白色，成熟后转浅绿色，秋季后叶转黄色；初生叶柄与枝柄基部无明显的红色圆环（‘涌金’则有明显红色圆环）。初生新枝为红色，半木质化后为粉红色或浅红色，9 月中旬后逐步转鲜红色，1~3 年生枝干表皮未木栓化时呈红色，4 年生后，枝干表皮木栓化呈黄色或棕色。

3.‘御黄’（品种权号 20140054）

为从香樟实生苗中选育的新品种。高大常绿乔木。叶、花、果黄色，枝干红色，并有一定的季相颜色变化。新芽呈嫩黄色；展叶后呈纯鹅黄色，随着叶片不断成熟，叶色从鹅黄色变为淡绿色；夏季新叶叶色黄白色，成熟后转淡绿色，秋季叶色转黄色，冬季叶色保持黄色；初生叶柄与枝柄基部有明显的紫色圆环。初生枝为红色，半木质化后为浅红色，9 月中旬后转鲜红色。枝干表皮未木栓化时呈红色，木栓化呈黄色或棕色。

（六）新品种推广及应用

'涌金''霞光'和'御黄'在获得国家植物新品种授权后，积极申报并获得浙江省林木良种审（认）定，为进一步推广应用奠定了良好基础。樟树新品种通过新品种授权许可、引种、科研试验等多方式进行全适种范围内的推广应用，自2014年起分别与浙江农林大学、重庆市林业科学研究院、成都市龙泉驿区农林科学技术院、杭州植物园、宁波植物园、绍兴市林特站、中国科学院昆明植物研究所海盐工程技术中心、江西省德兴市荣兴苗木有限责任公司等单位进行合作推广应用，累计推广苗木25万余株，产值达3000余万元。其中'御黄'通过新品种权唯一许可的创新方式推向市场，取得了良好成效。同时，'御黄'于2022年以浙江省林业主导品种被推介应用。'御黄'获得第十届中国花卉博览会展品类优秀奖。

六、枫香树 *Liquidambar formosana*

蕈树科 Altingiaceae
枫香树属 *Liquidambar*

（一）生物学特性及应用价值

枫香树是蕈树科（原金缕梅科 Hamamelidaceae）枫香树属高大落叶乔木树种，形态美观，分布广泛，加之入秋时节叶色艳红诱人，是我国江南著名的秋色叶树，著名诗人陆游用"数树丹枫映苍桧"之诗句赞誉枫香树的秋叶之景、之美。枫香树也是我国古今皇家园林和私家园林以及目前营造生态公益林等必不可少的优良树种之一。枫香树对重金属铅具有一定的耐受能力、富集和转移能力，可用于重金属污染较为严重地区的土壤修复，也是营造防火林带和城市园林绿化的优良树种。枫香树的木材及果实等均可创造较高的经济价值。

枫香树是城镇及工矿区理想的绿化树种。适应性强，生长快，成林早，树干通直而且冠幅较大，根系发达，对立地条件要求不十分苛刻，对工矿企业、新城区的绿化、环境的改善及面貌改变等无疑是雪中送炭、锦上添花的首选树种。同时，萌蘖能力强，天然无性更新效果好，具有前人栽树、多代乘凉之优点，所以说枫香树是当代园林绿化理想的树种。

枫香树也是净化大气的优良树种。生理代谢旺盛，不仅冠大，叶面积系数高，具有较强的吸碳放氧能力，而且对二氧化硫、氯气等有害气体有较强的抗性。具有很高的艺术观赏价值。是优良的防火树种，耐性较强，皮层输导管发达，表皮光滑，导热系数低，耐高温又耐火烧，与木荷（*Schima superba*）相同，是我国传统常用的森林防火树种。

（二）种质资源及育种进展

1. 资源分布

枫香树属植物全球共有 4 种及 1 个变种，分布美洲和亚洲。我国有 2 种及 1 个变种，分别为枫香树、缺萼枫香树（*L. acalycina*）和山枫香树（*L. formosana* var. *monticola*）；小亚细亚 1 种，名为苏合香树（*L. orientalis*）；北美及中美各 1 种，北美树种名为北美枫香（胶皮枫香树、胶皮糖香树）。苏合香树及北美枫香在我国已开展引种和栽培，国产苏合香树来源于此。现今国内外研究较多的枫香树属植物为枫香树、苏合香树以及北美枫香。

枫香树产于中国秦岭及淮河以南各地，北起河南、山东，东至台湾，西至四川、云南及西藏，南至广东；亦见于越南北部、老挝及朝鲜南部。一般生于海拔 600m 以下低山及平地，在云南达 1660m，树高可达 40m。缺萼枫香树生于海拔 500m 以上山地，在广东北部为常绿、落叶阔叶混交林的上层优势树种，较为耐寒。山枫香树生长于 600~1600m 的山地林中，作为枫香树的变种之一，较缺萼枫香树更为耐寒。

2. 育种进展

中国林业科学研究院联合湖北省林业科学研究院和湖北省林业局林木种苗管理总站，在全国枫香树自然分布的主要省份开展了种质资源收集保存工作，选择枫香优树作为采种母树，在 15 个省份共选出 24 个种源共 346 个家系，播种育苗后在多地营建子代测定林。湖北省枫香树良种选育课题组在对省内多地子代测定林进行连续多年观测分析的基础上，采用多目标决策法选出了生长性状和形质性状综合表现优异且表型稳定的枫香树优良家系，同时在此基础上进一步开展了逆境生理生化特征分析，选出'鄂枫香 192 号家系''鄂枫香 237 号家系''鄂枫香 133 号家系''鄂枫香 142 号家系'4 个各具显著特点的枫香树优良家系并通过湖北省林木良种审定。

枫香树育种研究多集中在优良家系、单株、地理种源等方面，随着育种技术的发展，体细胞胚胎发生技术使得枫香杂交育种进程大为缩短，为新种质创制提供了新的发展方向。

（三）栽培历史及浙江省品种创新

1. 栽培历史

枫香树属植物起源古老，早在第三纪中期即始新世晚期至渐新世早期就已经出现。在中新世到更新世这段漫长岁月中，枫香树属植物广泛分布于日本、中国及亚洲中部、西亚、欧洲中部、美洲地区；经历第四纪冰期后，在欧洲、美国西北部等地区消失而在北半球的南部地区保留下来，繁衍至今形成了现代的几个种。现代枫香树属有 5 种及 1 个变种，残存于北美和东亚地区，属东亚 – 北美特有属，为第三纪孑遗植物。

2. 品种创新

截至 2023 年 12 月底，全国共授权枫香树属植物新品种 16 种，其中浙江 5 种、江西 4 种、北京林业大学 4 种、南京林业大学 3 种，浙江省枫香育种水平居全国前列。

（四）育种和栽培管理

主要通过嫁接和扦插繁殖。嫁接一般在春季进行，剪取 1~2 年生枝条作接穗，选取 2~3 年生枫香实生苗作砧木，在离地 5~15cm 处进行切接，或选取大树采用劈接或切接法进行高接。扦插一般在初夏、秋季进行，选取半木质化或近木质化的当年生枝作插穗，扦插基质以黄心土或珍珠岩为佳，穗条插入深度为 2~4cm。插后及时浇透水，插床上搭架覆塑料膜，膜外再覆盖一层遮阴网。'金钰'生长较枫香树稍慢，大树高接 2~3 年生苗便可进行园林绿化应用。新品种在枫香树自然分布区域均可种植。喜温暖湿润气候，性喜光，幼树稍耐阴，耐干旱瘠薄土壤，忌长时间水涝，以土层深厚、疏松、肥沃、pH 值偏酸性的砂壤土最为适宜。于山麓风口栽植，会出现矮化现象。宜采用针阔混交、常绿落叶混交等方式栽培造林，如枫香树 + 湿地松（*Pinus elliottii*）、枫香树 + 杉木（*Cunninghamia lanceolata*）、枫香树 + 楠木（*Phoebe zhennan*）、枫香树 + 花榈木（*Ormosia henryi*）等。其他品种栽培技术同枫香树。

（五）新品种介绍

1. '金钰'（品种权号 20140053）

为从枫香树实生苗中选育的新品种。高大落叶乔木。冬芽棕红色，春芽为嫩黄色。叶片掌裂，常 5 裂，稀 3 裂，嫩叶呈浅黄色，叶脉明显，成熟后，叶片呈黄色；嫩枝呈黄色，密被黄白色茸毛，木栓化时呈灰褐色。这些特征均与枫香树有明显差异。叶色艳丽，春季赏金叶，秋季赏红叶，极具园林观赏价值与应用潜力。

2. '彩红'（品种权号 20160032）

为枫香树野生特异单株选育而来的新品种。落叶乔木。嫩叶呈红色，秋季叶色红色，色叶持续时间长，极具观赏价值。主要通过组织培养繁殖，在枫香树自然分布区均可种植，包括秦岭及淮河以南各地，北起河南、山东，东至台湾，西至四川、云南及西藏，南至广东。

3. '彩紫'（品种权号 20160033）

为枫香树野生特异单株选育而来的新品种。落叶乔木。嫩叶呈淡紫红色，秋季叶色紫红色，色叶持续时间长，极具观赏价值。主要通过组织培养繁殖，在枫香树自然分布区域均可种植，包括秦岭及淮河以南各地，北起河南、山东，东至台湾，西至四川、云南及西藏，南至广东。

4. '夏红'（品种权号 20190390）

为枫香树种子园营建中发现并选育而来的新品种。落叶乔木。株形长卵球形。树皮平滑。分枝斜上伸展，当年生枝上部紫红色。叶片大，较厚，光泽度强；叶片裂片数 3，叶裂浅，中裂片三角形，中裂片与邻侧裂片夹角大，基部微心形或近圆形；5~9月叶色多数红色，10~12 月叶色紫红。生长速度较快，彩叶期长。对土壤要求不严，喜光，喜温暖湿润，耐干旱瘠薄，以土层深厚疏松肥沃、偏酸性砂壤土最宜。主要通过嫁接和扦插繁殖。

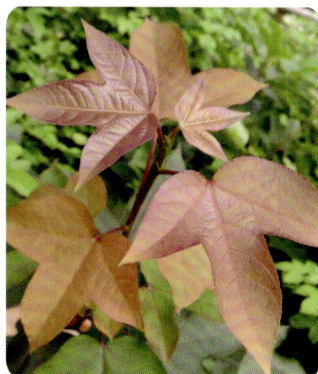

5. '云林紫枫'（品种权号 20190391）

为从枫香树实生苗中选育的新品种。落叶乔木。株形卵球形。树皮平滑；分枝多，斜上伸或近平展，当年生枝紫红色。叶片小，光泽度强；叶柄紫色；叶片裂片 5，偶见 3，叶裂浅，基部微心形；叶芽萌动期晚。植株自春季展叶始至落叶前，叶色均呈稳定的紫红色，落叶期晚（半落叶）。对土壤要求不严，喜光，喜温暖湿润，耐干旱瘠薄。主要通过嫁接和扦插繁殖。

（六）新品种推广及应用

枫香树常在园林中栽作庭荫树，可于草地孤植、丛植，或于山坡、池畔与其他树木混植。枫香树新品种'夏红'适应性较强，无论山区、丘陵均能生长，在枫香树自然分布区域秦岭及淮河以南各地均可栽培推广。浙江森禾集团股份有限公司借助森禾观赏花卉工程技术中心创新繁育，通过推广示范、授权许可等方式大力推广'夏红'。自 2016年起，通过该公司繁育生产、经营以及新品种权普通许可，用于城市景观提升、林带绿化等方面，收到较好的社会效应。

新品种已繁育苗木 3000 株，通过'夏红'新品种引种、科研试验、森林景观提升等方式，分别在浙江省午潮山实验林场、庆元县庆元林场、云和县林场、长乐林场、云和县农业综合开发有限公司等单位营建新品种引种试验林 10 亩和珍贵彩色森林 60 亩，生态效益和社会效益显著。

枫香'金钰'、樟树'御黄'两品种在宁波市农业技术推广总站（原宁波市林业局种苗繁育中心）以唯一许可、普通许可的方式，先后于 2015 年、2016 年、2018 年与江苏枫茂农业科技有限公司、嘉善县笠歌生态科技有限公司、江西德兴市荣兴苗木有限责任公司达成'金钰'在江苏、上海和江西境内繁育和销售许可；2018 年与中国科学院昆明植物研究所海盐工程技术中心达成樟树'御黄'在宁波外范围的生产、繁育推广许可。截至目前，宁波市农业技术推广总站通过许可授权的方式，已授权推广应用枫香属'金钰'72 万株、樟属'御黄'150 余万株，有效推动了优良苗木品种在长三角地区乃至全国的推广应用。

第二章 观花植物新品种

一、杜鹃花 *Rhododendron* spp.

鹃花科　Ericaceae
杜鹃属　*Rhododendron*

（一）生物学特性及应用价值

杜鹃花泛指杜鹃花科杜鹃属植物，为常绿、半常绿或落叶乔灌木，享有"花中西施"的美誉。杜鹃花是世界著名的观赏植物，是中国三大天然名花之首，也是中国传统的"十大名花"之一，更有"木本花卉之王"之美称，广泛应用于世界各公园中，盆景、盆栽、地栽皆宜，园林景观效果优良，在世界园艺界占有极高地位。

杜鹃属植物在我国栽培已有 1500 年的历史。一般春季开花，但经人工培育，已经培育出一些能在春、夏、秋等多季开花的品种。花序类型多样，单花或多花组成总状、伞形、总状伞形或圆锥状花序，花序中花朵数量从单花到 30 朵花以上；花冠呈漏斗状、钟状、坛状或管状等；花色有红、黄、白、紫及其复杂的各类过渡色和复色，丰富且变异多样。植株高度从不足 0.1m 的匍匐状灌木到高达 30m 的高大乔木，树形丰富多彩、姿态各异。杜鹃花色彩艳丽、花团锦簇、繁花似锦，不仅观赏性强，部分种类还具有药用、食用或工业价值，是一类具有重要的文化、科学、生态和经济价值的植物。

（二）种质资源及育种进展

1. 资源分布

杜鹃属是杜鹃花科的第一大属，全世界有 1000 余种，广泛分布于亚洲、北美洲和欧洲。杜鹃属在全球主要有两大分布中心。其中，喜马拉雅区（泛指缅甸、印度、不丹、尼泊尔、锡金及我国西藏地区）和我国云南、四川等地，是现代杜鹃花的最大分布中心，集中分布有世界杜鹃属种数的 60% 以上；马来西亚、印度尼西亚和巴布亚新几内亚等地是杜鹃花次分布中心，拥有杜鹃花约 300 种。

我国约有杜鹃属植物 600 种，除宁夏和新疆外，其他省份均有分布。从西南到华南地区、从华北乃至东北地区，杜鹃花植物常形成纯种种群，在保持水土和涵养水源上具有重要的作用。浙江有 19 种杜鹃花分布。崖壁杜鹃（*R. saxatile*），产于平阳，是一种小型的灌木植物，高度大约在 1m，枝干众多且细瘦，形态近似圆柱形，表面覆盖着红棕色的糙伏毛和曲柔毛；叶片为革质，花序为伞形，通常位于植株顶部，花朵数量为 3~5 朵；开花期在 4~5 月，果实期则在 7 月。泰顺杜鹃（*R. taishunense*），常绿的灌木或小型乔木，其枝干上通常没有毛，或者仅有一些腺头刚毛覆盖，花朵位于枝顶或叶腋，单朵或成簇，颜色多样，包括白色、蔷薇色和粉红色，且常常散发出宜人的香气；产于泰顺，生于海拔 400~600m 的山坡常绿阔叶林中。华顶杜鹃（*R. huadingense*），1990 年由植物学家丁炳扬等人在浙江省天台县华顶山首次发现命名，为落叶灌木，高达 4m，树皮斑裂，先花后叶；花于 4 月上旬开放，紫红色花大而美丽；花后长叶，树冠如盖。泰顺杜鹃和华顶杜鹃均为浙江特有种，属浙江省重点保护野生植物。云锦杜鹃（*R. fortunei*）花大艳丽可用于营造生态旅游景观，如天台的杜鹃花节所营造的景观云锦杜鹃。猴头杜鹃（*R. simiarum*）适合庭园栽培，也常用于营造生态旅游景观，如松阳箬寮的十里杜鹃长廊。

2. 育种进展

中国丰富的杜鹃花引种至西方国家后，作为亲本，进行了广泛的杂交育种，如 1823 年羊踯躅（*R. molle*）被引入欧洲后，作为亲本培育出大量著名的落叶杜鹃（*Deciduous azalea*）品种，为名贵的黄色杜鹃花品种的选育做出了巨大贡献；1856 年云锦杜鹃被引入欧洲，成为 Loderi 和 Charles Dexter 等品种群的主要亲本。日本作为栽培杜鹃花较早的国家，培育出一批富有特色的杜鹃花栽培品种，如今久留米栽培群（Kurume Group）、平户栽培群（Hirado Group）和皋月栽培群（Satsuki Group）仍是园林应用中常见的品系。据统计，在 2004 年《The International Rhododendron Register and Checklist》（第 2 版）中登记在册的杜鹃花园艺品种已超过 2.8 万个，随后的增补版中又增添了 2100 多个品种，迄今全球杜鹃花品种已超过 3 万个。

我国的杜鹃花在长期的驯化栽培中产生了大量的园艺品种，如唐贞元时期镇江鹤林寺的'双季'杜鹃、明万历年间四川和浙江四明山的'重瓣'杜鹃、清乾隆时期云南的'五色'双瓣杜鹃品种等。20 世纪 20~30 年代，我国上海、无锡、苏州等沿海城市开始从国外大量进口杜鹃花园艺品种，一些花卉爱好者也利用这些杜鹃花品种的芽变或杂交育种培育出一些新品种，现如今无锡杜鹃园仍收集和保留有许多类似品种，浙江嘉善的许多盆栽、盆景品种也多由芽变而来。进入 20 世纪 80 年代后，杭州植物园以培育观赏性好、耐热性强、适合低海拔栽培的园艺品种为目标，开展了大量杜鹃花种内和种间杂交工作，培育出'映玉 1 号''雪翠''玉映'等杜鹃花新品种；昆明植物园培育出'红晕''雪美人''金踯躅'等新品种。进入 21 世纪以来，全国各地都陆续开展了杜鹃花的育种研究，杜鹃花的育种创新取得前所未有的成效。

（三）栽培历史及浙江省品种创新

1. 栽培历史

浙江省栽培杜鹃花历史悠久，南宋《咸淳临安志》（1268 年）记载："杜鹃，钱塘门处菩提寺有此花，甚盛"，说明宋时杜鹃花在杭州已多见栽培。宁波、金华是国内外知名的"中国杜鹃花之乡"。杭州植物园的槭树杜鹃园，是新中国最早建立的杜鹃专类园。浙江省在杜鹃花种质资源保护方面做了大量基础工作，也是国内最早开展杜鹃花杂交育种研究的省份；目前，全省的杜鹃栽植面积约有 8.6 万亩。

2. 品种创新

针对国内杜鹃花种质创新进程缓慢、园林绿化应用的杜鹃品种不多、难以满足市场需求这一现状，浙江省高度重视杜鹃花育种研究工作，于"十二五"规划开始系统投入农业新品种育种专项资金、强化育种技术攻关和品种创新。开展了杜鹃种质资源调查、收集和引种，以花大色艳、株形紧凑、花期长、抗性（耐寒性、抗高温）强，适应性广等为目标，培育出一大批花大色艳、抗逆性强（耐寒、耐高温和耐水湿）、适应性广、观赏价值高的优良新品种，满足人民美好生活的需要和美丽浙江大花园建设的需求。截至 2023 年，全省收集保存 2300 余个杜鹃花优新品种，在金华、宁波和嘉兴建立 300 多亩种质资源基地。浙江省已向国家林业和草原局申请杜鹃新品种 230 件，已授权 121 件，占全国授权量（185 件）64.3%，居全国第一，其中杭州、金华以培育地栽新品种为主，授权 75 件，宁波和嘉兴以盆花品种为主，授权 46 件。

（四）育种和栽培管理

1. 育种技术

杜鹃花可通过自然杂交、芽变、诱变和人工杂交等方式获得植物新品种。中国野生杜鹃花资源丰富，野生杜鹃容易出现自然杂交，选择和利用杂种集群中优秀个体可加快育种进程；亲缘关系复杂的杜鹃花品种，很容易出现芽变，利用品种的芽变也是培育杜鹃花新品种的有效途径；人工杂交是培育杜鹃新品种的主要途径，通过人工杂交和选育容易获得能满足人类需求的理想新品种。

2. 栽培管理

采用扦插、嫁接繁殖。嫩枝扦插宜在 5~6 月或 9 月中下旬进行。嫁接繁殖一般在 5 月中旬至 6 月上旬或者 10 月进行，采用切接法。对于多数杜鹃花而言，理想的气候条件是凉爽、湿润，夏季最高气温不宜超过 30℃，年降水量应在 1200mm 以上，大部分时间空气湿度达到 70% 以上。理想的栽培小环境是林缘或者上层有一定的林阴，夏季可提供40%~60% 遮阴，冬季则需要提供更多光照；由于杜鹃花是浅根系植物，喜疏松、透气、排水良好的偏酸性土壤，应避免种植于有强风或强降雨发生的地带。映山红亚属、羊踯躅亚属多自然分布于低山灌丛中，这类杜鹃及其杂交新品种可生长在全光照的环境。

（五）新品种介绍

1.‘红阳’（品种权号 20120014）

杜鹃杂交品种。灌木。花红紫色，花大、花量丰富，株形开展，抗逆性强，适应性广，花期 4 月上旬至 5 月上旬，扩繁容易，在园林美化、景区造景、盆栽观赏都显示出了极高的观赏价值，2020 年获"中国好品种"称号。

2.‘雪翠’（品种权号 20160031）

杜鹃杂交品种。灌木，植株高达 2m。枝条粗壮，分枝能力强。树冠自然圆头形。枝叶多毛，叶色翠绿。花径 8~9cm，每枝有 3~5 朵花；花色为白色、喉点为绿色；花冠裙边皱，略波浪状。开花繁茂，花期为 4 月中下旬。

3. '雪粉'（品种权号 20160030）

杜鹃杂交品种。灌木，植株高达 2m。枝条粗壮，分枝能力强。树冠自然圆头形。枝叶多毛，叶色翠绿。花径 8~9cm，每枝有 3~5 朵花；花色近乎白色、镶嵌紫色的点和条，喉点紫红色；花冠裙边皱，略波浪状。开花繁茂，花期为 4 月中下旬。

4. '映玉 1 号'（品种权号 20170048）

杜鹃杂交品种。灌木，植株高达 2m。枝条粗壮，分枝力强。树冠自然圆润。叶色翠绿。花径 5~6cm，每枝有 2~4 朵花；花色为水红色、喉点绿色，鲜艳、娇嫩；花冠裙边略波浪状。开花繁茂，花期为 4 月上中旬。

5. '映玉 2 号'（品种权号 20170049）

杜鹃杂交品种。灌木，植株达 1.5m。枝条粗壮。树冠自然。叶色翠绿。花径 5~6cm，每枝有 2~4 朵花；花色为粉红色、喉点绿色，娇嫩；花冠裙边略波浪状。花期为 4 月上中旬。

6.'甬之波'（品种权号 20180230）

杜鹃杂交品种。灌木状。花为淡艳红色，2 朵簇生，无花萼，花柄 0.9cm；花径 8.5cm，花筒高 4.5cm，2 轮半重瓣花，花朵开展；外面两轮花瓣完整且无黏连，深裂，呈履瓦状排列，皱边，花瓣内侧有深红色斑点。在宁波的盛花期为 3 月中旬。

7.'甬芊红'（品种权号 20180231）

杜鹃杂交品种。灌木状。花红橘色，2 朵簇生，花柄长 1cm，花冠冠幅 8cm，花冠筒高 4.5cm，3 轮重瓣花；三轮间无黏连，外面两轮合瓣；内轮花瓣由雄蕊退化而成，且全裂；花瓣内侧无斑点。在宁波每年的 2~3 月开花，且在秋季的 10~11 月开第二次花。

8.'甬紫叠'（品种权号 20180232）

杜鹃杂交品种。灌木状。花樱红色，2 朵簇生，花冠冠幅 8.5cm，合瓣花，花朵平展，花冠筒高 4.5cm；花瓣 2 轮，内轮花瓣由雄蕊退化而成，外轮花瓣 5 深裂并呈履瓦状排列，内侧有朱红色斑点。在宁波的盛花期为 3 月中旬。

9.'甬之洁'（品种权号 20180340）

杜鹃杂交品种。灌木状。花色在花苞时为黄绿色，开展后为白色，花冠 2 轮深裂合瓣花，花瓣外缘波浪形，花冠呈喇叭状，花径 7.5cm 左右；每轮花瓣上有 3 张裂片内饰淡黄绿色斑块，部分花朵的花瓣上有条状红色斑块。在宁波的盛花期为 3 月中旬。

10. '甬粉佳人'（品种权号 20180341）

杜鹃杂交品种。灌木状。花色在花苞时为浅紫色，开展后裂片上端为浅紫色，花冠管端近白色，花冠单轮深裂合瓣花，呈喇叭状，花朵簇生枝顶，花大量多，花径 8cm 左右；花瓣裂片有 3 张内饰紫色斑点。在宁波的盛花期为 3 月中旬。

11. '甬紫雀'（品种权号 20180342）

杜鹃杂交品种。灌木状。花为紫色，花冠 2 轮深裂合瓣花，裂片直挺开展，花冠呈喇叭状，花径 6cm 左右；每轮花瓣裂片有 3 张内饰红紫色斑点。在宁波的盛花期为 3 月中旬。

12. '甬品红'（品种权号 20180343）

杜鹃杂交品种。灌木状。花色为品红色，2 轮深裂合瓣花，花瓣外缘开展呈波浪形，簇生枝顶花朵的花大、量多、色艳；花冠呈喇叭状，花径 8~9cm；每轮花瓣裂片有 3 张内饰暗红色斑点。在宁波的盛花期为 3 月中旬。

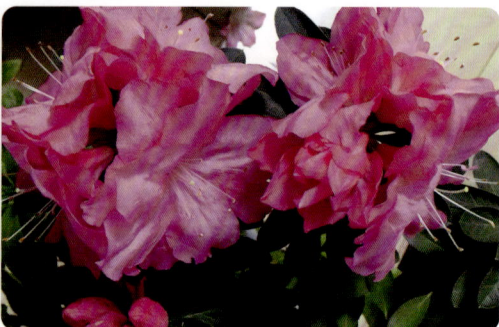

13. '甬之皎' （品种权号 20180344）

杜鹃杂交品种。灌木状。花色在花苞时为黄绿色，开展后为白色，花冠 2 轮深裂合瓣花，花瓣外缘波浪形；花冠呈喇叭状，花径 9cm 左右；每轮花瓣裂片有 3 张内饰黄绿色斑点。在宁波的盛花期为 3 月中旬。

14. '甬之辉' （品种权号 20180345）

杜鹃杂交品种。灌木状。花色为紫红色，2 轮深裂合瓣花，花瓣外缘波浪形；花冠呈喇叭状，花径 8cm 左右，每轮花瓣裂片上有 2~3 张内饰暗红色斑点；花柱、花丝均为印第安红色。在宁波的盛花期为 3 月中旬。

15. '甬之妃'（品种权号 20180346）

杜鹃杂交品种。灌木状。花粉红色，花单轮深裂合瓣花，3~5 朵簇生顶端，花径 8cm 左右，花大色艳；花冠呈喇叭状，花瓣裂片有 3 张内饰红色斑点。在宁波的盛花期为 3 月中旬。

16. '甬之梅'（品种权号 20190050）

杜鹃杂交品种。灌木状。花淡艳红色，2~3 朵簇生，花柄长 1.5~1.7cm，花冠冠幅 7.5cm，单轮合瓣花，花冠筒高 2.5cm；花瓣单轮 5 裂，深裂，裂片长 2.8cm，平展且微有反卷，瓣缘光滑，瓣尖微凹，呈履瓦状排列。在宁波的盛花期为 3 月中旬。

17. '甬尚雪'（品种权号 20190051）

杜鹃杂交品种。灌木状。花白色，略带粉红色；花冠冠幅 7.5cm，花冠筒高 3cm，合瓣花，花单轮 5 深裂，花瓣裂片开展，呈履瓦状排列；花冠筒内壁上有淡黄绿色斑块。在宁波的盛花期为 3 月中旬。

18. '甬尚玫'（品种权号 20190052）

杜鹃杂交品种。灌木状。花浅桃红色，一苞 2~3 朵，花冠冠幅 7cm，单轮合瓣花，花瓣裂片开展；花冠筒高 3.5cm；花瓣单轮 5 裂，深裂，开展，呈履瓦状排列；花瓣内侧有红色斑点。在宁波的盛花期为 3 月中旬。

19. '甬之雪'（品种权号 20190103）

杜鹃杂交品种。灌木状。花色在花苞时为黄绿色，开展后为白色，花冠 2 轮深裂合瓣花，花瓣直挺开展，4~7 朵簇生枝顶，花量大；花冠呈喇叭状，花径 7cm 左右；每轮花瓣上有 3 张裂片内饰黄绿色斑点。在宁波的盛花期为 3 月中旬，适宜于长江以南地区栽培。

20.‘甬之韵’（品种权号 20190104）

杜鹃杂交品种。灌木状。花色在花苞时为黄绿色，开展后为白色，花 2 轮深裂合瓣花；外轮花瓣发育不完全；内轮花瓣发育正常，直挺开展，且花瓣顶端渐尖形状，不同于普通花瓣；花冠呈喇叭状，花径达 7cm 左右；每轮花瓣上有 3 张裂片内饰淡黄绿色斑点。在宁波的盛花期为 3 月中旬。适宜于长江以南地区栽培。

21.‘玉映’（品种权号 20190159）

杜鹃杂交品种。灌木，植株高达 2m。枝条粗壮，分枝力强。树冠自然圆润。叶色翠绿。花径 5~6cm，每枝有 2~4 朵花；花色为淡粉红色，喉点绿色，娇嫩；花冠裙边略波浪状。花期为 4 月中下旬。

22. '映紫'（品种权号 20190160）

杜鹃杂交品种。灌木，植株高达 2m。枝条粗壮，分枝力强。树冠自然圆润。叶色翠绿。花径 5~6cm，每枝有 2~4 朵花；花色为玫红色；花冠裙边略波。开花繁茂，花期为 4 月中下旬。

23. '红狮子'（品种权号 20220333）

杜鹃杂交品种。半常绿灌木。成龄叶纸质，卵圆形，叶片尖端突尖，叶基宽楔形，叶缘距基部 1/3 无锯齿。花形宽漏斗形，花冠小、套筒，花瓣椭圆形，花冠筒长度短，花冠裂片颜色红紫色（RHS N57A），长度短，宽度中等，花瓣裂片内无纹饰。冬季耐 -16℃低温，始花期早，落叶期晚。

24. '早春五彩'（品种权号 20220334）

杜鹃杂交品种。半常绿灌木。成龄叶纸质，卵圆形，叶片尖端突尖，叶基宽楔形，叶缘距基部 1/3 无锯齿。花形开阔状漏斗形，单瓣中花，花瓣阔椭圆形，花冠筒长度中等，花冠裂片颜色复色，长度中等，宽度中等，花瓣裂片内有纹饰。冬季耐 -16℃低温，始花期 3 月底 4 月初，落叶期晚。

25. '蜻蜓'（品种权号 20220335）

杜鹃杂交品种。半常绿灌木。成龄叶纸质，卵圆形，叶尖突尖，叶基宽楔形，叶缘距基部 1/3 无锯齿。花形离瓣菊花形，单瓣中花，花瓣阔椭圆形，花冠筒长度中等，花冠裂片颜色红紫色（RHS N73B），长度中等，宽度中等，花瓣裂片内有纹饰。冬季耐 –16℃低温，始花期 3 月底 4 月初，落叶期晚。

26. '红艳'（品种权号 20220336）

杜鹃杂交品种。半常绿灌木。成龄叶纸质，卵形，叶尖渐尖，叶基楔形，叶缘距基部 1/3 无锯齿。花形开阔状漏斗形，重瓣大花，花瓣倒卵形，花冠筒长度中等，花冠裂片颜色红色（RHS N45A），长度中等，宽度中等，花瓣裂片内有纹饰。冬季耐 –8℃低温，始花期 3 月下旬或 10~11 月，二次花，落叶期晚。

27.'红绣球'（品种权号 20220337）

杜鹃杂交品种。半常绿灌木。成龄叶纸质，卵形，叶片尖端渐尖，叶基部楔形，叶缘距基部 1/3 无锯齿。花形开阔状漏斗形，套筒中花，花瓣窄椭圆形，花冠筒长度中等，花冠裂片颜色红色（RHS N50D），长度短，宽度中等，花瓣裂片内有纹饰。冬季耐 –8℃低温，始花期 4 月上旬，落叶期晚。

28.'夕阳红'（品种权号 20220338）

杜鹃杂交品种。半常绿灌木。成龄叶纸质，长椭圆形，叶尖圆尖，叶基楔形，叶缘距基部 1/3 无锯齿。花形管状漏斗形，单瓣中花，花瓣窄椭圆形，花冠筒长度中等，花冠裂片颜色红紫色（RHS N58B），长度中等，宽度中等，花瓣裂片内有纹饰。冬季耐 –8℃低温，始花期 4 月中旬，落叶期晚。花繁色艳，长势茂盛，抗逆强，适应性广，具有较高的观赏性和推广应用价值，适宜于国土绿化、园林美化和盆栽观赏。

29.'奔放'（品种权号 20220339）

杜鹃杂交品种。半常绿灌木。成龄叶纸质，卵形，叶尖渐尖，叶基宽楔形，叶缘距基部 1/3 无锯齿。花形开阔状漏斗形，单瓣大花，花瓣倒卵形，花冠筒长度中等，花冠裂片颜色红紫色（RHS N68A），长度中等，宽度中等，花瓣裂片内有纹饰。冬季耐 −8℃低温，始花期 4 月中旬，落叶期晚。花色艳丽，长势繁茂，抗逆强，适应性广，具有较高的观赏性和推广应用价值，适宜于国土绿化、园林美化和盆栽观赏。

30.'盛春 8 号'（品种权号 20160052）

杜鹃杂交品种。常绿灌木，株高中等。枝干疏密度密。叶色深绿。花期 4 月中旬，开花时间长，花大，花径约 8cm，半重瓣阔漏斗形，花冠红紫色，内形面有紫色纹饰（RHS N66C）。观赏价值高，花色鲜艳，花量大；生长强健整齐，容易栽培，特别耐阴，耐湿，缺铁不敏感，耐 −12℃低温，是一个适应性广、抗病性强的园林绿化栽培或者盆栽观赏品种。

（六）新品种推广及应用

杭州植物园于 20 世纪 90 年代，利用自育的杜鹃花品种建设杜鹃园，形成了鲜明的特色，每年吸引大量游客。'甬之梦''甬品红''甬粉佳人''甬绵百合'等园林用途新品种已销往上海、河南、温州等地，销售 5 万余株，100 多万元；'甬之梅''甬尚雪''甬紫蝶''怡百合'等盆栽新品种销往上海、杭州、常州、苏州等地，销售 5000 余盆、100 多万元；在温州永嘉、湖州南浔等地正在进行区域试验 2 年。'盛春 8 号''仙鹤''红阳''春潮''盛春 2 号''常春 2 号''红运来'等已推广 500 多万株 1000 多万元。

杜鹃花新品种'雪翠'2017 年获得"现代园林最具潜力新品种奖"；'盛春 8 号'获得"2023 上海（国际）花展新优杜鹃品种类铂金奖"，'仙鹤''红阳''春潮'获得"2023 上海（国际）花展新优杜鹃品种类金奖"；'仙鹤'获得"2023 粤港澳大湾区花展新优花卉奖一等奖"，'粉团''盛春 8 号'获得"2023 粤港澳大湾区花展新优花卉奖二等奖"，'百日春''红阳'获得"2023 粤港澳大湾区花展新优花卉奖三等奖"。

'仙鹤''红阳''宝玉''春潮''盛春 2 号''盛春 8 号''常春 2 号''红运来'等杜鹃新品种在浙江、湖南、江苏等地都有大面积的推广和应用，用于道路绿化、公园绿地、杜鹃专类园建设等。

1. 道路绿化

'红阳''春潮'应用于杭州富春路的道路绿化，'盛春 8 号'应用于浙江云和。

2. 公园绿地

'红运来''盛春 2 号'应用于公园绿地。

'常春2号'应用于浙江开化公园，'仙鹤'应用于江苏苏州公共绿地，'红阳'应用于江苏常州凤凰公园。

二、紫薇 *Lagerstroemia indica*

千屈菜科　Lythraceae
紫薇属　*Lagerstroemia*

（一）生物学特性及应用价值

紫薇是千屈菜科紫薇属乔木或灌木，树姿优美，树干光滑洁净，花色艳丽且多变，花期（6~9月）很长，可达3个月之久，素有"满堂红""百日红"之称，形色俱佳，具有极高观赏和应用价值。在炎夏群花收敛之际，唯有紫薇繁花竞放，是许多重大赛事、庆典的首选观花树种之一。适应性强，耐修剪、耐旱、耐热，园林管护容易，是一个具有非常广阔商业前景的优良园艺树种。紫薇苗木生产在我国花卉苗木产业中有着重要地位，销售额名列夏季乔木类植物之首。紫薇品种创新将为推动美丽中国和生态建设注入新动能。

紫薇经过适量修剪、控制树形和促进开花，可作盆栽或庭院孤植、对植和丛植，园林绿化可以片植，适用于花境、绿带、花海等。园林应用形式多样，有行道树、分车带、庭荫树（园景树）、花灌木和秋色叶景观等，在炎热的夏季绽放于各种园林景观中。

（二）种质资源及育种进展

1. 资源分布

全世界约有紫薇属物种56种，分布于亚洲东部、东南部和南部的热带、亚热带地区及新几内亚岛、菲律宾、澳大利亚等地。大多数紫薇属物种都有大而美丽的花朵，具有较高的观赏价值，常用作庭园观赏树；有的种类在石灰岩石山可生长成乔木，且伐后萌蘖力强，是绿化石灰岩石山的良好树种；还有一些种类木材坚硬，纹理通直，质地细密，木材加工性质优良，抗白蚁力较强，是珍贵的室内装修、造船、建筑、家具等用材。

中国有原产紫薇属物种18种、引入种5种，主要分布于西南，东至台湾；浙江有5种，紫薇、大花紫薇（*L. speciosa*）（温州有栽培）、福建紫薇（*L. limii*）、尾叶紫薇（*L. caudata*）和南紫薇（*L. subcostata*）。

据文献报道，中国现有紫薇品种150~200个，紫薇品系280~300个，具较强的适应性及抗性，品种间及种间有着极其丰富的天然杂交型，是紫薇种质资源最丰富的国家。目前，国内紫薇属资源收集主要在各地植物园及科研院所开展，如中山植物园、杭州植物园、华南植物园、西双版纳植物园、浙江省林业科学研究院等。

2. 育种情况

美国、日本和意大利等国家均有开展紫薇育种，目前大部分园林应用品种由美国育成。早在 18 世纪中期，紫薇经由英格兰引入美国东南部，至 20 世纪早期已广泛种植于美国东、西海岸。从 1958 年起，由 Donald Egolf 主持在美国国家树木园开始了旨在培育抗病品系的杂交育种，包括紫薇与屋久岛紫薇的杂交育种，推出了 20 余个抗白粉病品种。截至 2021 年 7 月，美国各大院校、苗木公司及个人又通过选择、杂交及诱变育种培育出国旗红花色、红叶红花、矮生及抗寒等特性优异的专利品种 125 个。这些品种的选育使紫薇品种的遗传背景更宽，增强了品种的抗逆性和观赏性，提高了品种的商业价值，奠定了美国在全世界紫薇育种的地位。

尽管紫薇在中国已有 1600 余年的栽培历史，但中国紫薇育种研究却相对较迟，20世纪末 21 世纪初才开始大规模的紫薇人工定向选择育种，申报并获授权'红云'等一系列新品种。近年来，相继开展了杂交、诱变育种及国外品种的引种与改良，其中杂交育种还开展了种间或属间的远缘杂交，培育出'芳伶''紫婵'和花芳香的'御汤香妃'等新品种；诱变育种获得了三倍体、四倍体植物材料，其性状表现为抗病性增强、叶片和花径增大等；以国外引进品种为亲本，通过改良获得一系列衍生品种，如美国红叶紫薇品种'黑钻石'的衍生品种'紫遂'等。截至 2022 年年底，全国获授权的紫薇新品种达 159 个。

（三）栽培历史及浙江省品种创新

1. 栽培历史

紫薇在中国有 1600 余年的栽培历史。据《拾遗记》记载，东晋时期，为破除触怒紫微星所带来的狐狸和兔子成灾，皇帝下令花园、田间必须栽植紫薇。在唐代，紫薇作为一种皇家园林植物遍栽于皇宫、官邸和寺院等。著名诗人白居易有诗云，"独坐黄昏谁是伴？紫薇花对紫薇郎。"至清代，紫薇已栽植得相当普遍。紫薇的文化内涵十分深厚，其与中国古代天文学命名的紫微星同名，寓意"天宫赐福"；另外，还有"避灾""富贵"等含义。

紫薇在浙江的栽植可追溯到宋代。东阳南市街道槐堂村花墩塘种植了一株风水树古紫薇，距今约 950 年；湖州常照寺亦有一株种植于宋代的紫薇古树。如今，浙江省城乡绿化、城市园林中随处可见紫薇，紫薇也是海宁市的市花。据调查，仅杭州市建成区公共绿地的紫薇数量达 5 万株以上，在炎热的夏季为环境彩化美化做出重要贡献。通过花期调控，紫薇花期可延长至国庆，可满足秋季重大盛会、节日庆典等景观美化的需求，如二十国集团领导人杭州峰会期间，近 3 万株紫薇经花期调控后如期盛开，成为杭城一道亮丽的风景线。

2. 品种创新

针对国内紫薇种质创新进程缓慢，园林绿化应用的紫薇新品种不多，难以满足市场需求这一状况，浙江省紫薇育种团队加强紫薇种质资源收集和品种创新，十年磨一剑，迄今通过国外种质资源引进及国内乡土种质收集、评价、新品种选育和产业化应用，建成紫薇省级公共种质资源库45亩，收集保存196份种质资源，育成一大批乔木型、小乔木型、灌木型及地被型等不同类型的新品种47种，花色涵盖堇薇、红薇、银薇及复色花品种群，类型分为盆花和地栽两大类。紫薇选育单位以浙江省林业科学研究院、浙江森城种业有限公司、宁波永丰园林建设有限公司、浙江滕头园林工程有限公司、浙江农林大学等为主。新品种的选育途径主要有优良单株选择、优良品种开放授粉的实生后代选择、杂交育种等。如此丰富多样的紫薇新品种既可满足国土绿化景观树种需求，也可进入千家万户，满足人们日益增长的家庭美化的需要，同时为紫薇苗木生产提供了更多选择。

（四）育种和栽培管理

1. 育种技术

紫薇新品种培育主要有引种驯化、选择育种、杂交育种、诱变与倍性育种和分子育种等。引种指从外地引进本地尚未栽培的新品种，采取一定措施，使所引植物由原来对引入地的不适应到适应的过程，包括简单引种和引种驯化。例如，从美国引进三红紫薇、'黑钻'系列紫薇品种等。选择育种，包括浙江省林业科学研究院从大型实生苗圃通过优良无性系选择获得的品种'幻粉''沁紫'等，江苏省中国科学院植物研究所从芽变植株获得的金叶品种'金粉'等。杂交育种是培育紫薇新品种的主要途径之一，美国国家树木园选育的紫薇品种大部分是通过紫薇与屋久岛紫薇杂交得到的。

2. 栽培管理

常用硬枝扦插繁育。插床翻耕作细，于春季扦插，薄膜覆盖，保持插床湿润；当湿度过大时打开薄膜两头透气，待插穗生根后即可揭去薄膜。高温期适当遮阴。做好肥水管理，每年施肥3~5次，一般在6月及9月，分别在抽梢前、花期前、花期后期及初冬施肥，生长季以复合肥为宜，入冬后施有机肥。根据品种特性及园林用途采取不同的整形修剪措施。常作花灌木，在离地面60~120cm处截干，逐级培养主枝、一级侧枝和二级侧枝；地径大于5cm后可不再进行修剪。培育行道树时，于小苗阶段适当密植，促进高生长、提高枝下高至2.2m以上。栽培时，需注意白粉病、煤污病以及蚜虫防治。

（五）新品种介绍

1.'绝代双娇'（品种权号 20220409）

为紫薇野生资源实生选育的新品种，属堇薇品种群。灌木。幼叶红色，成龄叶绿色。花芽红中带绿；花萼明显具棱；花径 3.2~3.5cm，一株同时开有两种不同颜色花瓣的花（紫色 RHS 76A 和紫红色 RHS 69D）。果实椭圆形。花期 7~9 月。枝条平展，花色奇特，树形矮小、飘逸，是极少见的庭院景观灌木品种。

2.'紫绮'（品种权号 20220407）

为紫薇野生资源实生选育的新品种，属堇薇品种群。乔木。花萼明显具棱，密被柔毛；花芽红中带绿，缝合线突起明显，顶端突起明显，无附属物；花径 2.6~3.6cm，花瓣紫色（RHS 76B）。果实椭圆形。花期 7~9 月。生长迅速、干性强，枝下高可达 2.2~2.8m，花色紫红、素雅，是优良的行道树品种。

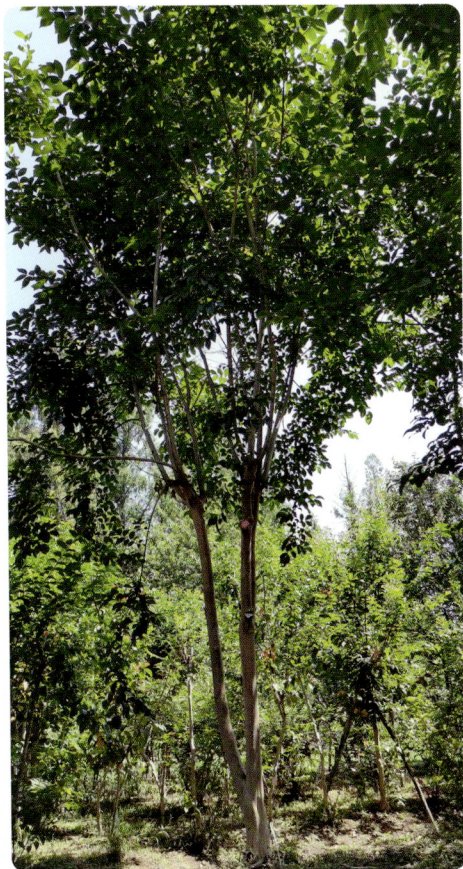

3.'紫俏'（品种权号 20220408）

为紫薇优良特异单株选育而来的新品种，属堇薇品种群。灌木。花萼明显具棱，密被柔毛；花芽圆锥形，红中带绿，缝合线微突起，顶端突起明显，有附属物；花径4.0~4.5cm，花瓣粉色（RHS N57D）。果实椭圆形。花期 7~9 月。分枝点 1.2~1.8m，枝叶紧凑，是"棒棒糖"造型苗木的良好品种选择。

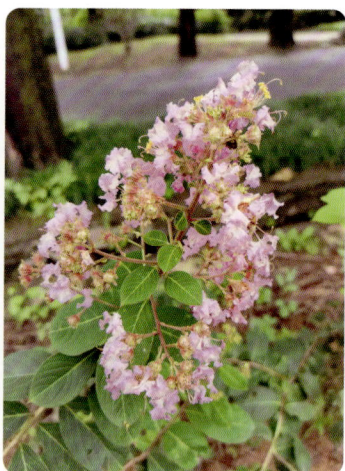

4.'紫绶'（品种权号 20220410）

为紫薇优良特异单株选育而来的新品种，属堇薇品种群。灌木。花萼不具棱；花芽圆柱形，红中带绿；花径为4.5~4.8cm，花瓣紫红色（RHS 72B），花瓣边缘褶皱不明显。果实椭圆形。花期 7~9 月。生长迅速、干性强，枝下高可达 2.2~2.8m，花色紫红、素雅，是优良的行道树品种。

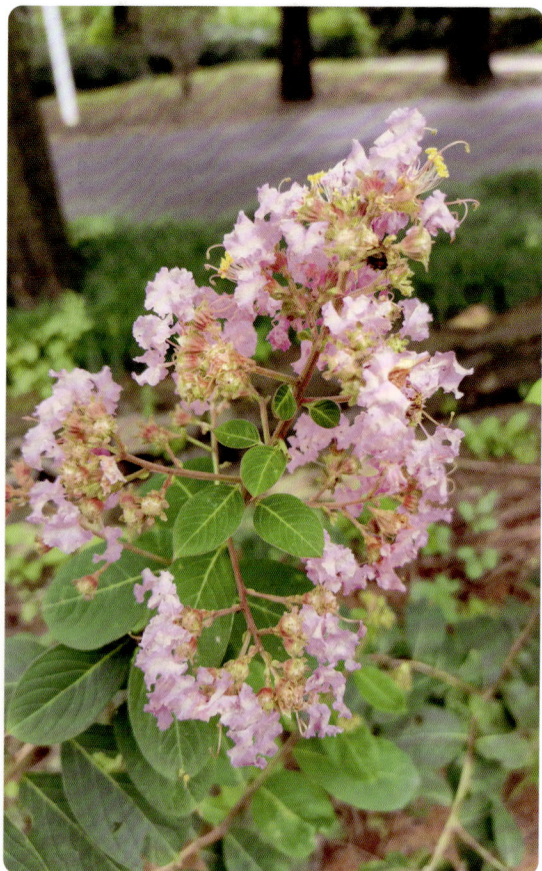

5. '沁紫' （品种权号 20180161）

为紫薇实生苗中选育的新品种，属堇薇品种群。乔木。花径 3~4cm，花瓣边缘褶皱；瓣爪颜色同花色；花芽球形，绿中带红。干皮剥落后绿褐色。枝条半直立。花期 7~10 月。可作花乔木孤植、对植、列植、丛植于庭院绿化，亦可作行道树用于道路绿化。

6. '晨露' （品种权号 20190350）

为紫薇野生资源实生后代中选育的新品种，属堇薇品种群。乔木。花色浅紫罗兰，花径中等，花瓣边缘褶皱；瓣爪颜色同花色；花芽圆锥形，红中带绿；花萼内侧红色。叶片大，叶背稍被柔毛。干皮黄白色。枝条半直立。花期 7~9 月。抗病虫害能力强。可作花乔木孤植、对植、列植或丛植于庭院绿化，亦可用作行道树用于道路绿化。

7. '白雪' （品种权号 20180162）

为紫薇苗圃地实生苗中选育的新品种，属银薇品种群。乔木。花色纯白，花径大，花瓣边缘褶皱；瓣爪颜色紫红色；花芽球形，绿色。干皮褐色。枝条半直立。花期 7~9 月。喜光，喜生于肥沃湿润的土壤，钙质或酸性土均生长良好。

8. '胭脂红'（品种权号 20150122）

为紫薇苗圃地实生苗中选育的新品种，属红薇品种。乔木。花色极其艳丽的玫红，花径为 3.12~4.25cm，花瓣边缘褶皱；瓣爪颜色同花色；花芽球形，红色。干皮褐色。枝条下垂。花期 7~9 月。喜光，喜生于肥沃湿润的土壤，钙质或酸性土均生长良好。

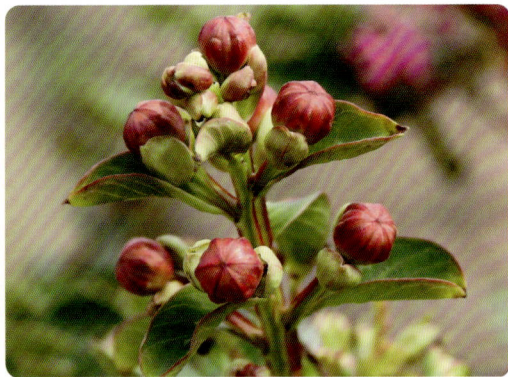

9. '初晴'（品种权号 20190349）

为紫薇野生资源实生后代中选育的新品种，属红薇品种群。乔木。花色浅粉红，花径小，花瓣边缘褶皱；瓣爪颜色同花色；花芽圆锥形，绿中带红，有附属物。叶片大，叶背稍被柔毛。干皮黄白色。枝条直立紧凑。花期 7~9 月。

10.‘幻粉’（品种权号 20150123）

为紫薇苗圃地实生苗中选育的新品种，属复色花品种群。乔木。花色边缘粉红、中心白，梦幻旖旎，花径大，花瓣边缘褶皱；瓣爪颜色渐变；花芽球形，绿色。干皮褐色。枝条直立。花期7~9 月。

11.‘霓虹’（品种权号 20190370）

为紫薇野生资源实生后代中选育的新品种，属董薇品种群。乔木。花色紫红，花径中等大小，花瓣边缘褶皱；瓣爪颜色同花色；花芽圆锥形，红中带绿，有附属物。叶片大，叶背稍被柔毛。干皮黄白色。枝条半直立。花期 7~9 月。抗病虫害能力强。

12.‘紫岫’（品种权号 20190370）

为紫薇野生资源实生后代中选育的新品种，属堇薇品种群。花紫红色，花径中等，花瓣边缘褶皱；瓣爪颜色同花色；花芽圆锥形，幼时绿色，成熟后绿中带红。叶片大，叶背稍被柔毛。干皮黄白色。枝条半直立。花期 7~9 月。抗病虫害能力强。

13.‘红贵妃’（品种权号 20180393）

为紫薇实生苗中选育的新品种。直立灌木，2 年生苗株高 60cm，冠幅 40cm。小枝四棱明显、翅短，微被柔毛。叶片卵形，叶背微被柔毛，叶绿色。花蕾圆锥形，绿色和红色；花萼微具棱；花径 3.80~4.20cm，花红色（RHS 53B），花瓣长 1.60~1.70cm，宽 1.50~1.60cm，瓣爪长 0.60cm，颜色同花色。果实圆形。花期 6~10 月，果期 10~11 月。适宜在江苏、安徽、河南、湖北、四川等地及以南地区种植。

14. '篱红田园'（品种权号 20190421）

为紫薇实生苗中选育的新品种。小灌木，半直立，2 年生苗株高 30cm，冠幅 40cm；干皮褐色。小枝褐色，四棱明显，具短翅，被柔毛。叶片倒卵形，新叶红绿色，成龄叶绿色（RHS 137A）。花萼长 0.70~0.80cm，宽 0.80cm，花萼微具棱；花径 2.70~3.00cm，花紫红色（RHS 67D），花瓣长 0.90~1.00cm，宽 0.90~1.10cm，瓣爪长 0.50~0.70cm，紫红色（RHS 68B）。果实圆形。花期 6~8 月，果期 10~11 月。适宜在江苏、安徽、河南、湖北、四川等地及以南地区种植。

15. '巧克力'（品种权号 20180394）

为紫薇实生苗中选育的新品种。低矮小灌木，半直立，植株形状为球形，2 年生苗株高 30cm，冠幅 40cm。干皮褐色。小枝红色，四棱明显，具短翅，柔毛密度中等。叶片长 3.50~3.70cm，宽 1.70~1.80cm，卵形，灰色（RHS 200A），与巧克力色彩接近，叶缘起伏，叶背密被柔毛程度低。花萼长 0.80~0.90cm，宽 1.20~1.30cm，微具棱；花径 3.30cm，花紫红色（RHS 60C），花瓣长 1.30~1.40cm，宽 0.80~0.90cm，瓣爪长 0.30~0.40cm，颜色同花色。果实圆形，长 0.72~0.80cm，宽 0.70~0.73cm。花期 6~10 月，果期 10~11 月。适宜在江苏、安徽、河南、湖北、四川等地及以南地区种植。

16.'少女芯'（品种权号 20200332）

为紫薇实生苗中选育的新品种。小灌木，分枝半直立。干皮褐色，剥落。小枝红带绿色，四棱明显，翅短。叶片长椭圆形，长 2.8~3.0cm，宽 1.3~1.6cm，叶脉 4 对，叶片正面绿色（RHS N137A），背面浅绿色（RHS 137B）。花蕾长 0.5~0.7cm，宽 0.5~0.6cm，球形，绿色和红色，顶端无突起，缝合线突起弱，表面无附属物；花序长 6~7cm，宽 5~6cm，着花数 25~26 朵；花萼长 0.7~0.8cm，宽 0.9~1.0cm，外面绿带红色，裂片 6，无棱条；花径 2.5~2.8cm，花紫红色（RHS 73A），无香味，花瓣长 1.2~1.3cm，宽 0.9~1.0cm，花瓣边缘褶皱明显，瓣爪紫红色，长 0.5~0.6cm，长雄蕊 6 枚，长 1.5~1.6cm，短雄蕊 28~30 枚，长 0.9~1.0cm，雌蕊长 1.6~1.7cm，花柱紫红色，柱头绿色，子房圆形，光滑，黄白色（RHS 4C）。花期 7 月下旬至 8 月下旬。适宜在江苏、安徽、河南、湖北、四川等地及以南地区种植。

17.'午夜'（品种权号 20180395）

为紫薇实生苗中选育的新品种。直立型低矮灌木，2 年生苗株高 60cm，冠幅 40cm。小枝四棱明显，翅短。叶片长 4.3~4.7cm，宽 2.1~2.5cm，呈椭圆形，叶色为灰紫（RHS N186A）。花芽圆锥形，顶端突起，无附属物，长 0.6~0.7cm，宽 0.6~0.7cm，灰紫（RHS 187C）；花萼长 0.8~0.9cm，宽 1.1~1.2cm，微具棱；花径 3.2~3.4cm，花红色（RHS 54A），花瓣长 1.5~1.6cm，宽 1.1~1.3cm，瓣爪长 0.5~0.6cm，紫红色（RHS 58A）。果实椭圆形，长 0.71~0.75cm，宽 0.68~0.72cm。花期 6~10 月，果期 10~11 月。适宜在江苏、安徽、河南、湖北、四川等地及以南地区种植。

18.'夏日飞雪'（品种权号 20190431）

为紫薇实生苗中选育的新品种。小灌木，分枝开展。干皮褐色，剥落。小枝红色，四棱明显，翅短。叶片长椭圆形，长 5.8~6.0cm，宽 2.7~3.0cm，叶脉 4~8 对，叶片绿色，正面 RHS 137B，背面 RHS 146B。花蕾长 0.6~0.7cm，宽 0.6~0.7cm，圆柱形，绿色，顶端无突起，缝合线突起强，表面无附属物；花序长 10~13cm，宽 7~12cm，着花数 24~42 朵；花萼长 0.8~0.9cm，宽 1.0~1.1cm，外面浅绿色，裂片 6，微具棱；花径 3.7~4.1cm，花白色（RHS N155A），无香味，花瓣长 1.9~2.0cm，宽 1.3~1.4cm，花瓣边缘褶皱明显，瓣爪紫红色（RHS 61B），长 0.7~0.8cm，长雄蕊 6 枚，长 1.6~1.7cm，短雄蕊 34~35 枚，长 1.1~1.2cm，雌蕊长 2.2~2.3cm，花柱红色，柱头绿色，子房圆形，光滑，黄白色（RHS 4C）。花期 7 月下旬至 8 月下旬。适宜在江苏、安徽、河南、湖北、四川等地及以南地区种植。

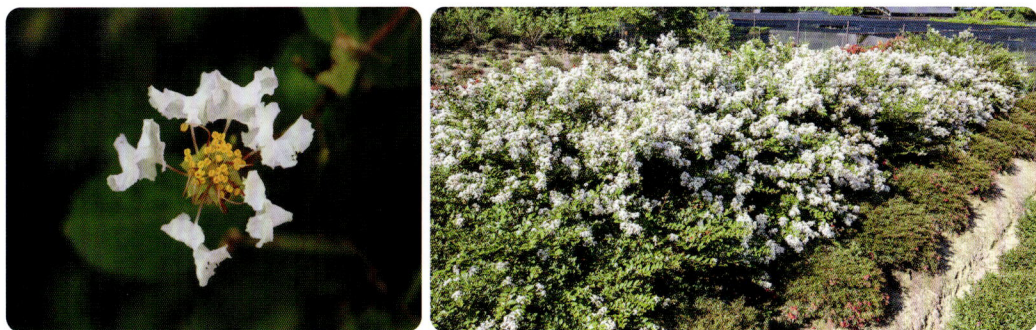

19.'夏日舞娘'（品种权号 20180392）

为紫薇实生苗中选育的新品种。小灌木，植株开展，属于低矮类型灌木，2 年生苗株高 30cm，冠幅 40cm。干皮褐色。小枝红色，四棱明显、翅短，柔毛密度中等。叶片长 2.5~2.6cm，宽 0.8~1.0cm，披针形，叶片绿色。花蕾圆锥形，绿色和红色，长 0.7cm，宽 0.6~0.7cm；花萼长 0.8~0.9cm，宽 1.0~1.1cm，微具棱；花径 3.4~3.5cm，花红色（RHS 53C），花瓣长 1.5~1.6cm，宽 1.1~1.2cm，瓣爪长 0.7cm，颜色同花色。果实圆形，长 0.7~0.8cm，宽 0.7cm。花期 6~10 月，果期 10~11 月。适宜在江苏、安徽、河南、湖北、四川等地及以南地区种植。

20. '英红田园'（品种权号 20190426）

为紫薇实生苗中选育的新品种。小灌木，半直立，2 年生苗株高 30cm，冠幅 40cm。干皮褐色。小枝红色，四棱明显，具短翅，微被柔毛。叶片长 3.3~5.3cm，宽 2.2~2.8cm，长椭圆形，新叶被红绿色，成龄叶绿色（RHS Green 137A）。花萼长 0.6~0.7cm，宽 0.2~0.3cm，花萼微具棱；花径 3.3~4.7cm，花紫红色（RHS Red Purple 67A），花瓣长 0.8~0.9cm，宽 0.7~1.0cm，瓣爪长 0.6~0.8cm，紫红色（RHS Red Purple 67A）。果实圆形，长 0.7~0.8cm，宽 0.7cm。花期 6~10 月，果期 10~11 月。适宜在江苏、安徽、河南、湖北、四川等地及以南地区种植。

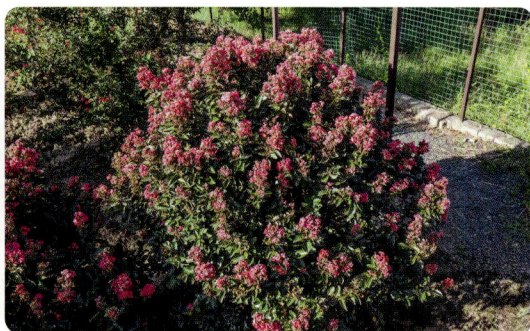

21. '昭贵妃'（品种权号 20190432）

为紫薇实生苗中选育的新品种。小灌木，分枝直立。干皮褐色，剥落。小枝红色，四棱明显，翅短。叶片椭圆形，长 4.0~4.5cm，宽 1.9cm，叶脉 4 对，叶片正面绿色（RHS N137A），背面浅绿色（RHS N137D）。花蕾长 0.8cm，宽 0.7~0.8cm，球形，红色，顶端有突起，缝合线突起弱，表面无附属物；花序长 7~14cm，宽 6~11cm，着花数 24~60 朵；花萼长 1.0~1.1cm，宽 1.5~1.6cm，外面紫红色，裂片 6，微具棱；花径 4.2~4.3cm，花红色（RHS 46D），无香味，花瓣长 1.7~1.9cm，宽 1.4~1.6cm，花瓣边缘褶皱明显，瓣爪紫红色，长 0.7~0.9cm，长雄蕊 6，长 2.2~2.3cm，短雄蕊 42~48 朵，长 1.3cm，雌蕊长 1.6~1.7cm，花柱紫红色，柱头绿色，子房圆形，光滑，黄白色（RHS 4C）。花期 7 月下旬至 8 月下旬。适宜在江苏、安徽、河南、湖北、四川等地及以南地区种植。

22.'紫贵妃'（品种权号 20200319）

为紫薇实生苗中选育的新品种。小灌木，半直立，2 年生苗株高 30cm，冠幅 40cm。干皮褐色。小枝红褐色，四棱明显，具短翅，微被柔毛。叶片长 2.4~4.6cm，宽 1.3~2.5cm，椭圆形，叶绿色（RHS Blue Green 137B）。花萼长 1.5cm，宽 1.0~1.2cm，花萼棱条明显；花径 3.5~4.0cm，花紫红色（RHS Red Purple 70A），花瓣长 1.1~1.4cm，宽 1.3~1.4cm，瓣爪长 0.8~1.0cm，紫红色（RHS Red Purple 58A）。果实圆形，长 0.7~0.8cm，宽 0.7cm。花期 6~10 月，果期 10~11 月。适宜在江苏、安徽、河南、湖北、四川等地及以南地区种植。

（六）新品种推广及应用

1. 品种推广

2020 年起，浙江森城种业有限公司通过新品种授权许可、引种、科研试验等方式，与江苏苏圃科技有限公司签订协议，允许其按照标准繁殖推广'夏日舞娘''少女芯''午夜''艳贵妃'等灌木型紫薇新品种商品苗 100 余万株。由浙江省林业科学研究院和浙江滕头园林工程有限公司联合选育的小乔木型紫薇新品种'幻粉''胭脂红''沁紫'和'白雪'等已在浙江奉化扩繁苗木 1 万株，浙江省林业科学研究院实验林场育有采穗母株 200 余株。

2. 获奖情况

由浙江森城种业有限公司培育的新品种'紫焰'荣获 2019 年中国北京世界园艺博览会室内展品竞赛特等奖，'午夜'获金奖，'玫红田园'获银奖，'夏日舞娘'和'少女芯'等获铜奖;'午夜''橡叶舞娘'和'昭贵妃'荣获第十届中国花卉博览会展品类（木本观赏植物）银奖。

3. 应用实例

由浙江森城选育的紫薇授权矮生新品种'昭贵妃'在杭州市西湖大道城站至西湖段种植于隔离带的容器内，其花色艳丽、姿态摇曳，展示了浙江省新品种优良的景观效果。

由浙江森城选育的紫薇授权灌木新品种以大灌木球的形式配置于杭州市上城区江边，对景观起到了画龙点睛的作用。

三、梅花 *Prunus mume*

蔷薇科　Rosaceae
杏　属　*Armeniaca*

（一）生物学特性及应用价值

梅花是梅的俗称，梅是蔷薇科杏属落叶小乔木，原产于我国，叶宽卵形至心卵形；小枝绿色或绿褐色；花有单瓣、复瓣、重瓣，花色丰富，于隆冬早春盛开；可药可食，可观可赏。

梅花是我国十大传统名花之首，在我国有 2000 多年栽培历史，形成了丰富多彩的品种。梅花与兰花、竹子、菊花并列为四君子，与松、竹并称"岁寒三友"。梅花不仅可以观花（寒梅映雪）、闻香（梅香悠长），有的种类还可以观干［如龙游梅（*Prunus mume* var. *tortuosa*）、垂枝梅（*Prunus mume* var. *pendula*）］、赏叶（夏秋季节）。梅花最宜植于庭院、草坪、低山丘陵，可孤植、丛植、群植，现已成为公园、风景区、道路广场以及居住区绿化的重要树种，还可以栽为盆花、作切花，并制作梅桩。

我国古代文人墨客对梅花情有独钟，从色、香、形、韵、时等方面品赏梅花。杭州梅花唐代即已见于诗，全国十大赏梅胜地有两个位于杭州，即"灵峰探梅"和素有"超山梅花天下奇"之说的超山，而孤山、灵峰、西溪是杭州三大赏梅胜地，梅花文化成为杭州文化历史传承的重要主线。

（二）资源分布及育种进展

1. 资源分布

梅花自然分布范围很广，广泛分布于云南、江苏、浙江等 19 个省份，而长江流域是梅花栽培和观赏的核心区。梅花适应性强，较耐寒及干旱。

2. 育种进展

我国对梅花的研究已有近 80 年的历史，学者们对梅花资源进行了长期、系统的调查与整理工作。从 20 世纪 50 年代起，陈俊愉、张启翔等专家学者通过多次普查筛选、移植、引种梅花资源，得到'江梅''密花江梅''江南''中山杏梅''复瓣跳枝''小宫粉''小绿萼''银红'和'朱砂晚照水'等抗寒品种，还引入不少抗寒力强且开花品质好的品种，如'丰后''淡丰后''送春''小美人梅'和'美人梅'等。陈俊愉等在原华中农学院（武汉华中农业大学）用天然授粉种子播种，分批从实生苗中选出'华农玉蝶''华农朱砂''华农宫粉''华农晚粉'和'玉台照水'等优质新品种。北京植物园于 1998 年从日本引进 39 个梅花品种，通过观察、驯化，初步优选出 29 个梅花品种。到 2008 年为止，南京农业大学已经收集到 130 份以上梅花种质资源，包括江梅型、宫粉型、玉蝶型、黄香型、绿萼型、洒金型、朱砂型、小细梅型、残雪垂枝型、双粉垂枝型、白碧垂枝型、骨红垂枝型、玉蝶龙游梅型、春后型和美人梅型共 15 个类型。

陈俊愉等创建了花卉二元品种分类法和中国梅种系、类、型三级分类新体系，将 323 个梅花品种分为 3 系 5 类 18 型，其中 3 系分别为真梅系、杏梅系和樱李梅系，5 类分别为直枝梅类、垂枝梅类、龙游梅类、樱李梅类和杏梅类。2007 年，在国际园艺学会的号召下，参考《国际栽培植物命名法规》（第 7 版），将梅品种分类改为以品种群为单位，在梅种之下将品种分为 3 个品种群，即：真梅品种群（True Mume Group）、杏梅品种群（Apricot Mei Group）和樱李梅品种群（Blireiana Group），品种群以下则不再分类、型等级别。2012 年在无锡建立的梅品种国际登录园贯彻新品种分类系统，按照上述品种群的方式来布置种植品种。现有 300 多个品种，不同品种类型在韵、姿、色、香等方面具有独特的观赏性和丰富的多样性，已成为中国园林不可或缺的植物材料。浙江省是梅花主产区之一，据不完全统计，栽植面积约 3 万余亩，常见栽培梅花品种有 50 余个。

（三）栽培历史及浙江省品种创新

1. 栽培历史

梅花原产于我国。据史料记载，秦汉时，野生梅就散见于长江两岸。相传我国有四大古梅，其中年代最早的晋梅栽植于湖北，可见荆楚之地向来适宜梅花生长。梅花历来深受文人雅士推崇。南宋时，武汉一带居民栽培梅花已很盛行；明清时，卓刀泉、梅子山是赏梅佳处。梅花饼、梅花粥还登上人们的餐桌。

梅是"寿星"树种之一。古人赏梅，亦讲究"老枝怪奇""贵老不贵嫩"。武汉最古老的梅位于东湖梅园，树龄达 800 余年，园内还收集百年以上的梅近 200 株。

2. 品种创新

为丰富浙江省梅花品种，满足市场和消费者需求，浙江农林大学赵宏波教授领衔的梅花育种团队加强梅花种质资源收集、评价和创新，现收集和保存朱砂、宫粉、绿萼、江梅、玉蝶、杏梅、美人梅等不同系列梅花种质资源 260 余份。研究团队以早花、芳香、耐寒为主要育种目标，通过优株选育、实生选育、杂交育种和诱变育种等技术，获得一批具芳香、早花、生长势强、适应性广的优良株系，其中 16 个梅花品种获国家林业和草原局新品种授权，这些优良品种大大丰富了浙江省梅花资源，增加观赏性、延长观赏期，为浙江大花园建设提供物质材料，满足人们不断增长的对美好生活的向往。

（四）育种和栽培管理

可通过优株选育、实生选育、杂交育种和诱变育种等技术获得新品种。梅花杂交育种的目标是培育抗寒、芳香、色彩艳丽、彩色叶梅花新品种。梅花可进行品种间近缘杂交或种间远缘杂交。通过正确选择亲本、确定杂交组合、人工去雄、授粉、套袋等程序，获得梅花种子，培育杂种苗，使之开花，按照育种目标，不断进行选择，从而选出优良品种。多数梅花的重瓣品种结实性不强，因此，母本要选结实性强、表现优良的品种；父本要选花粉正常、无重大缺点、有特殊优点、与母本优缺点互补的品种。例如，武汉梅花研究中心通过杂交育种，选出'江砂宫粉''江南台阁''单株朱砂'等品种。另外，赤霉素溶液处理梅花柱头能显著影响其杂交结实率，对'淡丰后'×'北京玉蝶''淡丰后'×'变绿萼'用 10mg/kg GA 处理的结实率最高；对'淡丰后'×'南京红''淡丰后'×'单瓣跳枝'进行 50mg/kg GA 处理结实率最高；对'淡丰后'×'双碧垂枝''淡丰后'×'重瓣粉口'用 100mg/kg GA 处理结实率最高；对'淡丰后'×'淡寒红'用 150mg/kg GA 处理结实率最高。

采用嫁接繁殖。以梅实生苗为砧木，于春季开春回暖后或秋季进行嫁接。一般采用枝腹接或劈接，也可在秋季进行芽接。1 年生嫁接苗，一般在 10 月至翌年芽萌动前进行移栽；移栽可以裸根进行，适当修剪病根、过长主根、过多侧根，移栽时扶植苗木，浇足水分，移栽成活率一般在 99% 以上。5cm 以上高接的梅花大苗，嫁接成活一年以上后移栽，一般需要带土球进行，移栽成活率一般在 97% 以上。栽植的密度根据苗木规格的大小、苗圃的立地条件以及水肥管理水平而定。土壤以深厚肥沃、透气透水的中性土壤为最佳。注意避免积水，冬季进入休眠期后，应保持土壤干燥。在种植时，可以在树冠下开沟施入腐熟的有机肥；然后在花后和新梢长出时各追施一次速效肥；冬季休眠期，再施入一次有机肥，遵循薄肥勤施的原则。修剪时应遵循"强枝强剪、弱枝弱剪"的原则，合理调整树形，使植株通风透光、养分集中。对病虫害以预防为主，定期喷洒农药进行防治。

（五）新品种介绍

1.'长蕊玉蝶'（品种权号 20180248）

为收集的梅花资源中选育的新品种。属真梅品种群。花浅碗形，着花繁密；花蕾阔卵形，粉色；花瓣正面底色为白色，先端、背面有粉色晕；雄蕊数量多，花丝长于花瓣，花药大、发育良好；花萼紧贴花蕾；花梗短。花期 1 月下旬至 2 月上中旬。具有典型梅香。结实少。与同类品种相比，最大优点在于花形整齐饱满、排列规则，花丝长于花瓣，性状独特，观赏价值高。

2.'粉台玉蝶'（品种权号 20180249）

为收集的梅花资源中选育的新品种。属真梅品种群，为玉蝶品种群优良品种。花蕾阔卵形，有孔，粉色；花浅碗形；花瓣正面基本底色为白色，先端有淡粉色晕，反面淡粉色；大部分花的雌蕊为台阁状或退化。花期 2 月。具有典型梅香。基本不结实。与同类品种相比，最大优点在于台阁花、瓣性强、淡粉色花。

3.'月光玉蝶'（品种权号 20220141）

为梅花实生后代中筛选获得的新品种，是玉蝶品种群中的优良品种。落叶小乔木。花浅碗形至碗形；花萼绛紫色；花瓣多为圆形，乳白色，初期花瓣中部至底部有粉晕，后期花瓣外围会产生丝状紫晕；雄蕊基本抱心着生，花丝白色。具有典型梅香。结实较少。与同类品种相比，最大优点在于着花繁密、开花秀气。

4.'素雅绿萼'（品种权号 20200079）

为收集的梅花资源中选育的新品种。属真梅品种群。花柄长度中等，花浅碗形，花萼绿色，花瓣圆形，花蕾有中心孔；雄蕊辐射着生；花丝白色，与花瓣近等长或略长些。花期 2 月下旬。具有典型梅香。结实较少。与同类品种相比，最大优点在于花萼翠绿、清新淡雅。适宜长江流域栽培应用。

5.'素玉绿萼'（品种权号 202200145）

为梅花实生后代中筛选获得的新品种，是绿萼品种群中的优良品种。花碗形，较小；花萼黄绿色；花瓣多为圆形，内扣，乳白色；雄蕊辐射着生，花丝白色。具有典型梅香。结实较少。与同类品种相比，最大优点在于着花繁密、端庄秀丽。

6. '平瓣绿萼'（品种权号 20220015）

为收集的梅花资源中选育的新品种，是绿萼品种群中的优良品种。花碟形；花萼黄绿色；花瓣平展，白色，多为圆形；雄蕊辐射着生；花丝白色，与花瓣近等长或略长。具有典型梅香。结实较少。与同类品种相比，最大优点在于花瓣平展、花期较长。

7. '红颜朱砂'（品种权号 20180250）

为收集的梅花资源中选育的新品种。属真梅品种群。当年生小枝暗绿，底色均匀洒绛红色晕，直上或斜出。花常 2 朵簇生，花蕾近阔卵形，无孔，堇紫色；花浅碗形；花瓣正反两面均匀堇紫色，整个开花过程中始终保持鲜艳色泽，基本不褪色。花期 2 月。具有典型梅香。结实少。

8.'艳朱砂'（品种权号 20200081）

为收集的梅花资源中选育的新品种。属真梅品种群。花浅碗形，花瓣多为圆形，花瓣正反两面均为深红色，颜色一致；雄蕊辐射着生，花丝紫红色。花期2月中下旬至3月上旬。具有典型梅香。结实较少。与'红颜朱砂'区别：1年生枝条为暗红色；花瓣正面主色为深紫红；花丝颜色为紫红色。应用区域以长江流域最为适宜。

9.'晓阳朱砂'（品种权号 202200140）

为梅花实生后代中筛选获得的新品种。为朱砂品种群的优良品种。落叶小乔木。花碗形，略内扣；花瓣多为扁圆形，为鲜红色；雄蕊辐射着生，花丝白色。具有典型梅香。结实较少。与同类品种相比，最大优点在于花形端庄整齐、花色艳丽鲜明。

10. '丽颜朱砂'（品种权号 20200080）

为收集的梅花资源中选育的新品种。为朱砂品种群的优良品种。落叶小乔木。具有典型梅香。结实较少。与'红颜朱砂'区别：①花浅碗形；花瓣为鲜红色，反面略深于正面；②花瓣多为圆形，雄蕊辐射着生，花丝白色；③具有典型梅香；结实少。与同类品种相比，最大优点在于着花繁密、花色艳丽。应用区域以长江流域最为适宜。

11. '脂红宫粉'（品种权号 20220144）

为梅花实生后代中筛选获得的新品种。为宫粉品种群优良品种。花碟形；花瓣多为圆形，红粉色、较深，颜色均匀、鲜艳，整个开花期基本不变；雄蕊辐射着生，花丝白色。具有典型梅香。结实较少。与同类品种相比，最大优点在于生长旺盛、着花繁盛、花色鲜艳。

12. '长艳宫粉'（品种权号 20220016）

为梅花实生后代中筛选获得的新品种。为宫粉品种群优良品种。生长势强，生长速度快，枝条密集。花浅碗形；花瓣正反两面均为粉色，颜色一致；花瓣多为圆形，边缘呈波纹状；雄蕊辐射着生，花丝白色。花期2月下旬至3月上旬。具有典型梅香。结实较少或不结实。与同类品种相比，最大优点在于生长势强、花大。

13.'多变粉妆'（品种权号 20220142）

为梅花实生后代中筛选获得的新品种。为宫粉品种群优良品种。落叶小乔木。花碟形；花瓣多为扁圆形，粉红色，花蕾和初开期颜色较深，后期颜色逐渐变淡，同一枝条上形成一种深浅颜色变化；雄蕊辐射着生，花丝白色。具有典型梅香。结实较少。与同类品种相比，最大优点在于着花繁密、花色深浅多样。

14.'桃红宫粉'（品种权号 20220143）

为梅花实生后代中筛选获得的新品种。为宫粉品种群优良品种。落叶小乔木。花碟形；花瓣多为圆形，粉红色，颜色均匀；雄蕊辐射着生，花丝白色。具有典型梅香；结实较少。与同类品种相比，最大优点在于花大色鲜、花形规整端庄。

15. '五福映日'（品种权号 202200139）

为梅花实生后代中筛选获得的新品种。为朱砂品种群的优良品种。落叶小乔木。单瓣；花瓣为圆形，均匀、饱满，鲜红色；雄蕊辐射着生，花丝白色；花蕊泛绿色。具有典型梅香；结实中等。与同类品种相比，最大优点在于花形整齐、花色艳丽。

16. '反扣二红'（品种权号 20180251）

为收集的梅花资源中选育的新品种。落叶小乔木。花常 2 朵簇生，碟形，反扣；花瓣正反两面均为堇紫色，反面颜色略深于正面；花瓣多为圆形，边缘呈大波纹；雄蕊辐射着生，花丝白色。具有典型梅香。不结实。与同类品种相比，最大优点在于花反扣、二色。

（六）新品种推广及应用

1. 推广应用成效

浙江农林大学于 2007 年开始梅花育种工作，收集和保存朱砂、宫粉、绿萼、江梅、玉蝶、杏梅、美人梅等不同系列梅花种质资源 260 余份，选育 16 个梅花品种获国家林业和草原局新品种授权，其中 5 个梅花品种通过浙江省林木良种审（认）定。'红颜朱砂''长艳宫粉''艳朱砂'等不同用途梅花新品种在浙江、江苏、山东、河南和云南等地推广应用，建立梅花种质资源库 600 多亩，建立优良品种不同用途产品生产示范基地 3280 亩，辐射带动 3 万多亩，推广梅花优良品种 100 多万株，培育优质企业 3 家，新增产值超 10 亿元。围绕梅花新品种研发的绿化大苗、盆花、切花、茶用、香用等系列产品销往上海、北京、武汉、广州、杭州和南京等地，不仅丰富了园林植物多样性，美化了城乡环境、丰富了人们生活，为建设美丽中国发挥了重要作用，同时切实提高了农民收入，为实现乡村共富做出贡献。培育的"长兴青梅""长兴红梅"获批地理标志证明商标，梅花已成为长兴县一张亮丽的城市名片。支撑建成著名赏梅景点"超山风景区""东方梅园"，带动一二三产融合发展。

2. 应用实例

'红颜朱砂''长艳宫粉''艳朱砂''素雅绿萼''丽颜朱砂'等梅花新品种在浙江、江苏、山东、河南等地有大面积推广和应用，应用形式主要为绿化大苗、盆花、切花、梅花茶、梅专类园建设、道路绿化等。

四、蜡梅 *Chimonanthus praecox*

蜡梅科　Calycanthaceae
蜡梅属　*Chimonanthus*

（一）生物学特性及应用价值

蜡梅是蜡梅科蜡梅属落叶灌木或小乔木，具有重要的观赏价值、经济价值和文化价值。蜡梅生命力强，造型优美，且于少花的冬季开放，花期长，花色亮丽，花冠晶莹，清香四溢，花香怡人，集色、香、形、姿于一体，宜于庭院露地栽植，又适作古桩盆景、插花、切花等应用，是我国传统的珍贵冬季庭院名花和园林绿化植物，深受老百姓和文人士大夫的喜爱。在城乡园林绿化中，采用早、中、晚不同蜡梅品种进行搭配和应用，将大大延长观赏周期，充分发挥蜡梅的景观功能和文化功能。

蜡梅花是提取精油的重要原料，其花瓣质地似蜡具光泽，花香芬芳，花和叶在民间还常作为制茶的原料，根、茎、叶、花蕾、果均可入药，早已作为药用植物载入《本草纲目》，是我国特产的传统名花和特有经济树种。

（二）资源分布及育种进展

蜡梅属植物全球 6 种，均为我国特产，水平分布区较广，多成片分布，跨暖温带、北亚热带和中亚热带，覆盖 13 个省份，其中湖北省分布最为集中，数量较多，其他省份分布数量相对较少。我国很多学者对蜡梅的野生资源进行了考察，发现蜡梅野生分布范围广泛，湖南新宁是野生蜡梅分布的南界。蜡梅属其他植物山蜡梅（*C. nitens*）、柳叶蜡梅（*C. salicifolius*）等在中国境内均有分布。其中，山蜡梅自然分布于湖北宜昌，湖南新宁、江华，广西阳朔，江西南部，福建武夷山及浙江等地；柳叶蜡梅分布于江西西北部、安徽东南部、浙江南部。

浙江作为蜡梅的重要产地和栽培地区，山蜡梅、浙江蜡梅（*C. zhejiangensis*）、西南蜡梅（*C. campanulatus*）和柳叶蜡梅均有分布，有丰富的蜡梅野生资源，还有丰富的栽培品种。李根有等报道浙江省野生蜡梅分布于杭州市临安区境内的方山上和姚家村以及富阳区的万市镇和洞桥镇境内，是目前华东地区仅有的野生蜡梅林，更是蜡梅育种的重要基因资源，在植物地理区系和种质资源研究等方面均具有较高价值。

据《中国蜡梅》记载，我国蜡梅有 4 个品种群，12 个品种型，共计 160 多品种。这些品种在颜色上有着丰富的变化，包括纯黄色、金黄色、淡黄色、墨黄色、紫黄色以及银白色、淡白色、雪白色、黄白色等多种色系。芦建国、葛文宏等对杭州蜡梅品种资源分类、园林应用等方面调查结果表明：杭州栽培应用蜡梅有 60 多个品种，按内被片的颜色分为素心、红心、乔种 3 个类群，其中素心蜡梅品种 27 个、乔种蜡梅品种 20 个、红心蜡梅品种 16 个。此外，随着种质资源调查和品种选育的不断深入，蜡梅品种的数量还在不断增加。

北京林业大学、鄢陵县林业局、世界蜡梅园等联合培育了'黄金枝''大花冬绿''淡妆蝶舞'三个蜡梅新品种，在 2022 年获得了国家植物新品种授权。河南省林业科学研究院花卉中心与中南林业科技大学等单位合作，成功破译了红花蜡梅基因组，并育成了我国首个红花蜡梅新品种'鸿运'。浙江农林大学赵宏波教授领衔的花卉育种团队通过品种选育创新，蜡梅新品种选育成果显著，总量居全国最多。

（三）栽培历史及浙江省品种创新

1. 栽培历史

蜡梅原产我国中部山区，具有上千年的栽培历史，是第四纪孑遗植物。蜡梅喜光，较耐寒、耐旱，有"旱不死的蜡梅"之说，适应性较强，江苏、浙江、上海、河南、重庆、四川等是蜡梅的主要栽培地区。

我国是蜡梅的世界分布中心，有着大量的蜡梅野生分布及人工种植区域。最早北宋苏轼在《蜡梅花一首赠赵景祝》中写到"君不见万松岭上黄千叶，玉蕊檀香两奇绝"，'玉蕊''檀香'即为蜡梅的 2 个品种；被誉为"隆冬到来时，百花迹已绝，惟有蜡梅破，凌雪独自开"，是中国梅文化的重要组成部分。

2. 品种创新

虽然蜡梅种质资源丰富，栽培品种繁多，但相对于其他花卉，蜡梅在花色、花形上仍较为单一，多样性不够丰富，难以满足当前建设美丽浙江和高品质森林城镇绿化美化的需要。为此，近年来浙江农林大学赵宏波教授领衔的花卉育种团队积极开展蜡梅种质资源收集和品种选育创新，收集和保存素心型、乔种型、红心型等蜡梅种质资源 100 余份，通过 10 余年的优株选育、实生选育和杂交育种，获得一批花艳、芳香、早花、晚花、生长势强、适应性好的优良栽培品种，其中 13 个蜡梅品种获国家林业和草原局新品种授权，不同品种花期持续 30~49 天。

（四）育种和栽培管理

可通过优株选育、实生选育、杂交育种和诱变育种等技术获得新品种。优株选择通过去劣存优，把蜡梅自然或栽培群体中在花形、花色、香味等方面超过同龄植株的单株选择出来进行繁育和推广，使其成为新的品种。杂交育种选择具优良性状亲本作杂交材料，才能在短时期内获得良好的杂交育种效果。在选择亲本时，要考虑解决主要的育种目标：花大、香浓、色艳、多色。芽变是蜡梅植株变异中的另一种表现形式，特别是经过嫁接繁殖的植株，其中有少数植株在花形、花色、花被片形态等方面发生变异。例如，由'素心蜡梅'芽变来的'迎秋蜡梅'具有花形大、花期比'素心蜡梅'早 15~20 天、香味浓等特点。

采用嫁接繁殖。以普通蜡梅实生苗为砧木，于春季芽萌动前进行嫁接，一般采用枝腹接或劈接，也可于秋季进行芽接或嫩枝腹接。栽植的密度根据苗木规格的大小、苗圃的立地条件以及水肥管理水平而定。土壤以疏松肥沃为宜，可在春季开花之前移栽，移栽前进行适当修枝，并剪去萌蘖枝。日常管理最需要注意的是适时修剪和施肥，修剪多在秋冬季落叶后。施肥每年一般 3 次，春季施展叶肥，6 月底至入伏前施 1 次复合肥，秋凉后，施一次干肥，如枯饼粉或菜饼肥。

（五）新品种介绍

1.'鹅黄甜心'（品种权号 20200083）

为蜡梅资源调查中发现的特异单株选育而来的新品种。花形为钟形，花径大小为中，最大花径可达 2.5cm 以上；中被片卵形、深黄色、蜡质，先端有些外卷，瓣质厚；内被片与中被片同色、素心、蜡质、厚。花期较晚，为 1 月下旬到 3 月上旬，初花期为 1 月 10 日左右，盛花期为 2 月中下旬。花形独特、花色鲜亮；生长势中等，适合盆栽、绿化栽培应用。

2.'黄金锦'（品种权号 20180246）

为蜡梅实生后代中选育的新品种。品种为落叶灌木，高 2~4m。小枝灰褐色。叶纸质，长卵形到椭圆形，有光泽，嫩时亮深黄绿色，老时深黄绿色。花外被片金黄色，中被片带有紫晕。具有典型的蜡梅花芳香。花期为 12 月下旬到 1 月中旬，可持续 1 个月。

3. '娇容'（品种权号 20180277）

为蜡梅资源调查中发现的特异单株选育而来的新品种。落叶灌木。花形为荷花形，花簇生，中被片卵形、黄色、蜡质，边缘平展，内被片红色紫纹、条纹分布，中、内被片颜色对比鲜明，观赏价值高；最大花径可达 2.5cm 以上。花期为 12 月下旬到 2 月上旬，初花期为 12 月下旬，盛花期为 1 月中旬。植株节间中等长度，生长势强。花大，内被片有红色紫纹，先后引种到浙江安吉、长兴、嵊州和江苏如皋等地试验示范，适应性好，观赏期长，可用于盆花和观赏灌木栽培。

4. '金铃'（品种权号 20180278）

为蜡梅资源调查中发现的特异单株选育而来的新品种。落叶灌木，高 1.5~2.5m。花形为碗形，花径大小为中，最大花径可达 2cm 以上；中被片卵形、深黄色、蜡质，中被片先端外卷；内被片复色，次色为红色，条纹分布于内被片边缘。花期为 12 月中旬到 1 月下旬，初花期为 12 月 15 日左右，盛花期为 1 月中旬。花形独特、花色鲜亮，生长势中等；引种到浙江安吉、长兴、嵊州和江苏如皋等地试验示范，适应性好，可用于盆花和观赏灌木栽培。

5. '知春'（品种权号 20180247）

为蜡梅资源调查中发现的特异单株选育而来的新品种。花期较晚，为 1 月下旬到 3 月中旬，盛花期为 2 月中下旬，晚于大部分蜡梅品种，花期覆盖元旦、春节和元宵等我国重要节日。花中被片浓黄，较长。引种到浙江安吉、长兴、嵊州和江苏如皋等地试验示范，适应性好，可用于盆花和观赏灌木栽培。

6.'金紫冠'（品种权号 20210146）

为从蜡梅实生后代中选育的新品种。花形为钟形，花径较大；中被片卵形、深黄色、蜡质，先端有些外卷，瓣质厚；内被片红色，蜡质、厚。花期中等，为12月下旬到1月中旬，初花期为12月25日左右，盛花期为1月上旬。生长势中等。与同类品种相比，最大优点在于花大色鲜、花形端庄。

7.'平黄素心'（品种权号 20210147）

为从蜡梅实生后代中选育的新品种。花形为钟形，花径大小为中等；中被片椭圆形，黄色、蜡质，先端基本不外卷；内被片与中被片同色，素心、蜡质。花期中等，为12月下旬到1月中旬，初花期为12月25日左右，盛花期为1月上旬。生长势中等。与同类品种相比，最大优点在于花形规整端庄、花色鲜亮。

8. '黄馨素'（品种权号 20210148）

为从蜡梅实生后代中选育的新品种。花形为钟形，花径大小为中等；中被片椭圆形，黄色、蜡质，先端基本不外卷；内被片与中被片同色，素心、蜡质。花期中等，为12月下旬到1月中旬，初花期为12月18日左右，盛花期为1月上旬。生长势中等。与同类品种相比，最大优点在于着花繁盛、花色明亮。

9. '玉堂春'（品种权号 20210149）

为从蜡梅实生后代中选育的新品种。花形为钟形，花径大小为中等；中被片椭圆形，黄白色、蜡质，先端基本不外卷；内被片复色，有红晕。花期中等，为12月中下旬到1月中旬，初花期为12月15日左右，盛花期为12月下旬至1月上旬。生长势中等。与同类品种相比，最大优点在于花形规整、花色秀丽。

10. '新月紫影'（品种权号 20210150）

为从蜡梅实生后代中选育的新品种。花形为喇叭形，花径大小中；中被片椭圆形，先端较尖，黄白色、蜡质，先端基本不外卷；内被片复色，有红晕，颜色较深。花期中等，为12月中下旬到1月中旬，初花期为12月15日左右，盛花期为12月下旬至1月上旬。生长势中等。与同类品种相比，最大优点在于着花繁密、花形端庄、花色亮丽。

（六）新品种推广及应用

1. 推广应用成效

获得新品种权以来，育种人大力推进'金铃''鹅黄甜心'和'黄金锦'的应用推广，先后在浙江余杭、安吉、长兴、萧山、嵊州和江苏如皋等地，开展蜡梅新品种示范工作，建立了一定规模的母本园、示范园和苗圃，持续开展种苗繁育，深受盆景和园林应用市场的欢迎。

2. 应用实例

蜡梅在园林绿化、庭院美化中应用广泛，深受人们喜爱，是不可或缺的种类。同时，近年来蜡梅盆花、切花也成为年宵花的新宠，供不应求。

五、茶花 *Camellia* spp.

山茶科　Theaceae
山茶属　*Camellia*

（一）生物学特性及应用价值

茶花泛指山茶科山茶属植物，为常绿冬春季开花灌木或乔木。茶花树姿优美，四季常青，叶浓绿有光泽，花形丰富，花色绚丽。既傲雪凌霜，又绽放春天；既秋香扑鼻，又斗艳夏暑。茶花有着"花中娇客"之美誉，深受人们的喜爱，是我国传统十大名花之一，也是世界名贵花卉之一。广泛应用于世界各公园，盆景、盆栽、地栽皆宜，园林景观良好，在世界园艺界享有很高地位。

茶花在中国栽培已有1800年的历史。茶花干美、枝青、叶亮，花形秀美多样，花色有红、紫、白、黄，甚至还有彩色斑纹茶花；花姿优雅多态，最高可达4m，花瓣为碗形，分单瓣或重瓣，单瓣茶花多为原始花种，重瓣茶花的花瓣可多达60片，气味芬芳袭人；花期长，一般从当年的10月到翌年的5月开花，盛花期为1~3月，现已培育出能四季开花的"四季茶花"品种。茶花品种繁多，主要分华东山茶、云南山茶、金花茶、茶梅4大类群，尤以华东山茶品种最多、数量最大、分布地域最广，以江苏、浙江、上海、四川、重庆为栽培繁育中心。茶花是我国昆明、青岛、大理、重庆、宁波、金华、温州等20多个城市的市花，在园林绿化中应用广泛。

（二）种质资源及育种进展

1. 资源分布

山茶属植物全世界共有22个组，280种，其中中国264种，占世界上总量的94.3%，是世界上山茶物种最多的国家，也是山茶属植物的主要起源中心；日本和朝鲜半岛有2个特有原种，占世界上总量的0.71%；越南、老挝、柬埔寨、缅甸等国家有大约13个特有原种，占世界上总量的4.64%；马来西亚和印度尼西亚有1个原种，占世界上总量的0.35%。浙江省自然分布的山茶物种40多种，具有一定的资源优势。

茶花在我国长江流域及朝鲜、日本、印度等地普遍种植。茶花在中国的栽培历史可追溯到蜀汉时期（221—263年）。当时人们就非常看重茶花的地位，将其列为"七品三命"。到隋唐时代，茶花的栽培就已进入宫廷和百姓庭院。到宋代，栽培山茶花之风日盛。南宋诗人范成大曾以"门巷欢呼十里寺，腊前风物已知春"的诗句，描写当时茶花开花的盛况。明李时珍的《本草纲目》、王象晋《群芳谱》，清朴静子的《茶花谱》等都对茶花有详细的记述。到 7 世纪，茶花首传日本，18 世纪起，茶花多次传往欧美，引入欧洲后获得了"世界名花"的美名。

我国的传统茶花品种有 600 多个，在园林中不经意就能见到茶花的身影，如洁白如雪的'雪塔'、娇艳欲滴的'大红牡丹'、芳香醉人的'烈香'、闻名中外的'十八学士'等，可谓群星闪烁，争奇斗艳。茶花花朵硕大，花姿雍容华贵，花色以红色系为主，也有白色、黄色花、复色和彩色斑纹，花色丰富。花形种类多样，有单瓣、半重瓣、托桂、牡丹、玫瑰重瓣、完全重瓣等。

2. 育种进展

目前，全世界已有的茶花品种超过 3 万个，但我国在国际茶花学会注册的品种数不超过 100 个。相比之下，美国、德国、英国、澳大利亚等国家虽没有茶花资源，且开展茶花新品种选育的历史不足百年，但培育的茶花品种已达 2 万多个，目前仅在美国山茶学会注册的茶花新品种总数就近 2 万个，而且每年以近百个的速度在递增。

茶花花形丰富，花色多彩，观赏价值高；栽培历史悠久，文化底蕴厚。茶花既是园林绿化的构景佳材，又是家庭美化的绝美花卉；既具有很高的观赏价值，又蕴含巨大的经济价值。它不仅适宜风景区、公园、城市道路、居民区、庭院种植，也适宜盆栽、盆景、插花制作。同时茶花叶富含类黄酮、多糖等，兼具药用、食用价值。因此，茶花是集观赏、文化、药用、食用、科研于一体的珍贵植物资源，市场应用广，在我国及世界花卉产业中占据重要地位。

（三）栽培历史及浙江省品种创新

1. 栽培历史

浙江省具悠久的茶花栽培历史，非常适宜茶花生长。茶花具有良好的耐寒性，在浙江省每年冬末春初时开放，花期大约是 10 月至翌年 4 月，前后历时长达半年之久；花期正值冬末春初百花凋落之际，傲霜雪开放，是浙江人民十分喜爱的一种木本花卉。

浙江省茶花栽培史可追溯到南宋年间，已有 800 多年历史，尤其金华罗店镇、竹马乡一带，花农们有着娴熟的种花技术和丰富的茶花栽培经验。绍熙元年（1190），浙江婺州（今金华）人喻良的诗《闻庄鹏举山茶盆葩华杂然有意举以见遗因作诗求之》，描述了在金华盆栽茶花品种'鹤头丹'："琉璃剪叶碧团团，收拾繁枝径尺寒。举赠诗翁知有意，要令饱看鹤头丹。"多年来，婺城区竹马乡下张家村和罗店镇后溪河村，家家户户都有种植茶花的传统，是远近闻名的茶花种植特色村。

茶花是浙江省宁波、金华、温州等城市的市花。1999 年，金华被授予"中国茶花之乡"的称号。2003 年，金华建立了"国际山茶物种园"，共收集 204 个山茶物种，是全世界山茶物种收集最全的物种园。2003 年，国际茶花大会在金华召开。2005 年，中国茶花文化园被国际茶花协会授予"世界杰出公园称号"。另外，杭州植物园的茶花木兰园、宁波植物园的市花市树园、金华的茶花文化园、温州的景山公园都是茶花专类园。浙江省在茶花种质资源收集、保护和培育方面做了大量工作，也是国内最早开展茶花杂交育种研究的省份。

近年来浙江省茶花产业发展迅猛，栽培面积约 2.5 万亩，栽培品种 300 多个，年产值 15 亿元。浙江金华市婺城区、宁波市奉化区是全国茶花生产中心之一。浙江仅金华市就有近 10 万花农从事花木和茶花生产，拥有上千万株（盆）茶花，广泛应用于公园、专类园、花园、小游园、道路绿化、小区绿化、庭院绿化、风景名胜区绿化及花坛、花境中，形成以应用拉动生产、以生产促进发展的新阶段。

2. 品种创新

浙江省在"十二五"期间开展系统新品种选育工作，中国林业科学研究院亚热带林业研究所团队对山茶种质资源进行了整理，系统评价了 1075 份资源的地理起源、亲本谱系、观赏特性及适应性。培育的茶花新品种虽然在国内名列前茅，但绝对数量仍然不多，目前已培育出品质优良、花色艳丽、芬芳浓郁、抗逆性强、具有自主知识产权的茶花新品种 20 个，不断丰富茶花品种和满足人民对美好生活的需要。

（四）育种和栽培管理

以前茶花品种选育主要是通过发现自然芽变枝条，再用嫁接繁殖实现新品种选育。应用此法选育品种，虽属有效，但进程迟缓。如今在传统育种的基础上，主要采用杂交育种，以选育具有各种优良性状的全新品种。利用品种的芽变是培育茶花新品种的有效途径，但人工杂交是培育茶花新品种的主要途径，通过人工杂交和选育能够获得目标品种。

茶花的繁殖主要采用嫁接的方法，茶花喜生于地势高爽、温暖湿润、排水良好、疏松肥沃的砂质壤土中。喜温暖湿润气候，要求富含腐殖质的酸性土，pH 值在 5.5~6。茶花不耐寒，最适生长气温为 18~25℃，高于 35℃会灼伤叶片，低于 3~5℃生长受影响，会引起落叶。茶花大多数品种喜半阴，在夏季可做 50% 的遮光处理，春秋冬 3 季可不遮阴。冬季气温下降到 0℃时，需搬入室内防寒。北方可以室内盆栽。

（五）新品种介绍

1.‘好运来’（品种权号 20180368）

为扦插苗选优而来的早花品种。常绿小乔木，直立性好。主干明显，自然树干生长均匀，呈圆球形；叶长椭圆形，叶长 8~12cm，宽 35cm，叶先端尖形成尾状，边缘有细锯齿。花形为牡丹重瓣型，花冠直径 13~15cm，最大 18cm，顶生，花瓣 27~35 枚，倒心形，粉红色，先端略凹。花期12月中下至翌年4月下旬，花量较大，紧凑，花蕊先露，盛花期2~4月，花瓣分瓣脱落数枚，然后整朵脱落，不挂在枝条上。

2.'香穗'（品种权号 20170127）

为茶花杂交品种，早花型清香茶花品种。常绿灌木。株形半开展，枝条下弯，自然成形。叶深绿色革质，呈椭圆形。中型花，单瓣型，花瓣6枚，花瓣前部淡粉色泛浅紫色调，后渐变为粉白色，花朵极为雅致；花朵稠密。花期长，从12月至翌年3月。花清香宜人，是茶花中难得的香型品种。

3.'羞粉'（品种权号 20180178）

为种间杂交茶花品种。常绿灌木。树形和树叶优美，树形紧凑，生长旺盛。叶质厚，深绿，呈椭圆形，先端渐尖，边缘有细齿。花径9cm左右，中型花；完全重瓣型；

花瓣 60 枚，覆瓦状有序排列。初开时呈粉红色，盛开时渐白色带微粉。花期 1~3 月初。花非常特别，雅致，层叠有序，格外丽质和诱人。适宜园林绿化和盆栽。

4. '羞红'（品种权号 20180179）

为云南茶花品种和华东茶花品种的杂交后代。常绿灌木。枝和叶略分散生长。叶深绿色，长椭圆形，边缘有细齿，前略尖。花径 7.5~9.4cm，中型花，完全重瓣型；花瓣 55~60 枚，覆瓦状有序排列；花色为淡粉底色，边缘深红，像少女羞红的脸；花瓣阔倒卵圆形，边缘内扣；开花稠密。花期 2 月上旬至 3 月下旬。适合家庭盆栽和园林绿化。

5. '嫣红'（品种权号 20230364）

为茶花杂交品种。常绿灌木。植株较直立，生长中速。叶深绿色，椭圆形，叶面平坦，边缘有细锯齿，先端渐尖，基部宽楔形。花径 10~11cm，中型花；牡丹型至完全重瓣型；内轮花瓣为淡粉白色，向外逐渐变粉紫色；花瓣倒卵形，顶端微凹，轻微有褶皱；落花时整朵花脱落，偶留枝条上。花期2月上旬至3月下旬。适合家庭盆栽和园林环境美化。

6.'晕染'（品种权号20230365）

为茶花杂交品种。常绿灌木。植株紧凑，枝叶稠密，圆头状，生长旺盛。叶片深绿色，长椭圆形，略扭曲，基部楔形，叶面光滑，叶脉黄绿色，边缘叶齿密而浅。花径9.0~12.0cm，中到大型花；牡丹花重瓣型；花色粉红色，具芳香；花瓣15枚左右，质薄，排列松散，阔倒卵形，先端凹。花期很晚至翌年早春。

7.'粉珠'（品种权号20230484）

为茶花杂交品种。常绿灌木。植株较直立，紧凑，枝叶稠密，生长旺盛。叶片深绿色，叶缘锯齿明显，先端尖。中型花，花径8.0~10.0cm，花瓣颜色呈现渐变的过程，花瓣从边缘到中心由柔和的深粉红色渐变为粉白色，盛开时花瓣为深桃红色；花为完全重瓣型，花瓣长阔倒卵形，先端近圆形，花瓣50~60枚，呈6轮以上覆瓦状排列；初开时花心部位没开放的花瓣紧紧相抱呈现尖塔状，盛开时花瓣全部打开似莲花；开花稠密。花期很晚至翌年早春。适合家庭盆栽和园林环境美化。

8. '春江梦月'（品种权号 20230776）

为山茶花杂交新品种。常绿灌木，植株紧凑，生长旺盛。叶片光亮。花朵淡粉色，具芳香，玫瑰花重瓣型或完全重瓣型，花大型，花朵厚，花瓣阔倒卵形，呈 10~12 轮松散排列，先端凹。花期 1 月至 3 月下旬。适宜在亚热带地区露地栽培，也可在设施条件下扩展至其他地区发展。

9. '春江粉妆'（品种权号 20230777）

为山茶花杂交新品种。常绿灌木，植株紧凑，枝叶稠密，生长旺盛。嫩芽绿色。叶片深绿色，椭圆形，叶面光滑稍外翻。花朵中到大型，花径 9.0~9.5cm，花瓣 20 枚，嫩粉红色（RHS RED56A），淡香味，玫瑰花重瓣型到完全重瓣型，中央花瓣合抱成珠状，呈阔倒卵形，先端深凹。花期 1~3 月。适宜在亚热带地区露地栽培，也可在设施条件下扩展至其他地区栽植。

10.‘春江彤燕’（品种权号 20230791）

为山茶花杂交新品种。常绿灌木。叶片椭圆形，绿色，叶长 10.0~10.5cm，叶宽 4.0~5.0cm，叶缘细齿锯。花红色（RHS RED 50A–51A），托桂型至牡丹花重瓣型，花瓣近圆形或倒卵形，花冠直径 8.0~9.5cm，中央具多数细花瓣，外轮 3~4 轮大花瓣，花期 2~3 月。适宜 –10℃以上亚热带地区露地栽培，也可在设施条件下扩展至其他地区栽植。

11.‘春江秋香’（品种权号 20230778）

为山茶花杂交新品种。常绿灌木。嫩枝黄褐色。叶芽绿色；叶片绿色，厚革质，长椭圆形，长 8.5~10.0cm，宽 3.5~4.5cm，叶面光滑，光泽，叶面稍内折，中脉和侧脉明显，叶端渐尖，边缘稀细锯齿。花淡粉红花（RHS RED 55B），单瓣型，花径 6~7cm，中型花，花瓣 5~7 枚，倒阔卵形，先端微凹，瓣脉明显，萼片 5~7 枚，半圆形至倒卵形；雌雄蕊近等高，子房被茸毛，花蕊金黄色，花丝淡黄色，雄蕊数量较多，碟形排列。具微香，花期夏秋季。

12.‘春江瑞香’（品种权号 20230787）

为山茶花杂交新品种。常绿灌木。嫩枝黄褐色。叶芽绿色；叶片绿色，厚革质，阔椭圆形，长 9.0~10.0cm，宽 4.0~5.5cm，叶面光滑，有光泽，叶面平展，中脉和侧脉明显，叶端短尾尖，边缘叶齿细。花朵粉红紫色（RHS RED-PURPLE 75A），具芳香，牡丹花重瓣型，中型花，花径 9.0cm，雄蕊束状夹生于花瓣间，花瓣阔倒卵形，质地较薄，先端微凹。植株紧凑，枝叶稠密，生长旺盛。花期 1~3 月。

13.‘春江风光’（品种权号 20230791）

为山茶花杂交新品种。常绿灌木。叶片椭圆形，绿色，叶先端短尾尖，叶基宽楔形；叶长 7.5~9.0cm，叶宽 3.5~4.5cm，叶缘细齿锯。花红色（RHS RED 55B），半重瓣至玫瑰花形，4~5 轮花瓣，花瓣阔倒卵形，花冠直径 8~9.0cm，雄蕊排列方式为束生型，花期 2~3 月。耐 −10℃左右低温。

14.‘春江虹蕊’（品种权号 20230796）

为山茶花杂交新品种。常绿灌木。叶长椭圆形至披针形，绿色，无光泽；叶长 3.5~4.5cm，叶宽 1.5~2.0cm，叶缘稀细齿锯，叶先端略后翻，渐尖，叶横截面内折，中脉及两侧密被灰褐色茸毛。花蕾萼片被毛，深红色，长 0.5cm 左右，短圆形，两芽并生；花瓣先端浅淡粉色晕，底白色（RHS WHITE 155D），单瓣型，花瓣近圆形或倒心形，花冠直径 4.0~5.5cm，呈喇叭形；雄蕊排列筒形，花药橙红色，花丝白色，雄蕊高于雌蕊，柱头 3 裂。花期 2~3 月。

15.'春江田园'（品种权号 20230796）

为山茶花杂交新品种。直立小乔木。嫩枝灰白色。叶片椭圆形，绿色，叶先端短尾尖，基宽形。叶长 9.0~10.5cm，叶宽 4.2~5.5cm，叶缘细齿锯，叶横截面平坦，叶基楔形，叶尖渐尖。花红色 (RHS RED 55A)，玫瑰花重瓣型，花瓣阔倒卵形，边缘全缘，花冠直径 10cm~11cm，花萼黄绿色、近顶端浅褐色。雄蕊排列方式碟型，花丝连生部分半连生，柱头 3 裂雌蕊低于雄蕊，花期 2~3 月。

（六）新品种推广及应用

茶花新品种中推广应用较多的品种为'好运来'，其生长迅速、直立性好、主干明显、花大色艳，具有较大的园林应用潜力，已于 2019 年经浙江省林木品种审定委员会审定为良种（编号浙 S-SV-CJ-009-2019）。2021 年申请并列入省级推广项目"茶花新品种'好运来'繁育与示范推广"，建立'好运来'茶花新品种示范基地 20 亩。扦插培育'好运来'茶花小苗 15 万株，销售至重庆、湖北等地，助力美丽大花园建设。

六、木兰 *Magnolia* spp.

木兰科 Magnoliaceae
木兰属 *Magnolia*

（一）生物学特性及应用价值

木兰属是木兰科中最具代表性的属，包括木兰亚属（Subgen. *Magnolia*）和玉兰亚属（Subgen. *Yulania*）两个类群。木兰属植物有落叶和常绿类型，大多数为乔木，少数为灌木，多数种类花朵硕大、艳丽多姿、色香兼备，兼之树形优美，果实鲜红，是世界著名的园林绿化树种，可适宜城市园林绿化和美丽中国建设的不同需求。该属植物不仅观赏价值高，部分种类还具药用、食用或工业价值，是一类具有重要文化、科学、生态和经济价值的植物。

木兰属植物大多数花期集中在 3~6 月，花通常芳香且大而美丽，多单生枝顶，落叶种类在发叶前开放或与叶同时开放，花被片颜色有白色、黄色、粉红色、紫红色或复色，数量 9~21 枚（少数种类数量为 >30 枚），花、叶、果观赏价值较高，多数果成熟时为红色。

（二）种质资源及育种进展

1. 资源分布

木兰属是木兰科中种类最多、分布最广的属，《中国植物志》记载木兰属植物全世界约 90 种，广泛分布于亚洲东南部温带及热带、印度东北部、马来群岛、日本、北美洲东南部、美洲中部及大、小安的列斯群岛；中国有 31 种，主要分布于我国西南部、秦岭以南至华东和东北部，如云南、贵州、浙江、河南、湖北、安徽、四川、湖南等地，是现代木兰属植物分布、保存和发源中心。浙江省园林中栽培较多的种类为玉兰（*M. denudata*）、二乔玉兰（*M. soulangeana*）、星花玉兰（*M. stellata*）、景宁玉兰（*M. sinostellata*）和武当木兰（*M. sprengeri*）等。

2. 育种进展

目前欧美等国家在木兰属植物种质创新和新品种培育方面处于领先。国外木兰属植物原生资源不多，但却有众多的木兰育种爱好者，早在唐朝时期起，我国的紫玉兰（*M. liliflora*）、玉兰、武当木兰等种类便被陆续引种至日本、欧美等，成为杂交育种的重要亲本。法国人在 19 世纪就利用引自我国的玉兰和紫玉兰进行杂交,培育出了抗性更强的杂交种二乔玉兰,现在各国育种人士也已选育出上百个二乔玉兰品种,在世界各地广泛栽培应用。美国通过引种木兰属植物及从中选择和杂交培育的木兰类观赏品种有上千个,新西兰、澳大利亚等也培育有许多的木兰栽培品种。

我国木兰科植物资源十分丰富,各地都十分重视木兰科植物的引种工作,许多植物园、高校院所都建有木兰园或研发基地,进行木兰科植物的引种、育种和保育展示。1972 年至今,西安植物园杨廷栋、王亚玲等人一直进行木兰科植物的引种、育种和栽培技术研究,通过自然芽变、人工杂交等选育技术,育成了一系列观赏效果好、适应性强的优良品种,如'玉灯''绿星''大唐红''小璇''红笑星'等;2004 年,北京林业大学马履一团队在湖北五峰发现了红花玉兰类群,经过近 20 年的研究和选育,培育出'娇红 1 号''娇丹''娇菊'等 10 个品种;胡挺进和彭春生以狭叶广玉兰作母本,以紫二乔玉兰(*M. Soulangeana* 'Zierqiao')作父本培育出了远缘杂交品种'京玉兰',极大地丰富了木兰品种资源。近年来,不少私人企业也不断加入木兰科植物保育和研发工作中,如广东朱开甫在湛江徐闻县建立了约 1600 亩的神州木兰旅游生态园,引种了 110 多种木兰科珍稀濒危树种,这种以木兰科植物为媒介搞特色旅游、推广优良新品种、创造更好经济效益的模式值得推广;棕榈生态城镇发展股份有限公司自 2008 年始进行木兰科植物引种、育种和推广应用工作,在河南鄢陵、浙江湖州等地建立了木兰研发育种基地,引种了国内外 150 多个木兰科植物原种和栽培种,培育木兰新品种 40 多个。随着城市园林绿化建设事业的快速发展,木兰属植物因其树形优美、花姿绰约越来越受到人们喜爱,截至 2023 年年底,国家林业和草原局授权的木兰新品种 82 个。

(三)栽培历史及浙江省品种创新

1. 栽培历史

浙江省栽培木兰属植物历史悠久,唐朝诗人白居易的《题灵隐寺红辛夷花》有云:"紫粉笔含尖火焰,红胭脂染小莲花",说明从唐朝时紫玉兰在杭州园林中已多见栽培。浙江省在木兰属种质资源保护方面做了大量基础研究工作,也是国内最早开展木兰属植物育种研究的省份之一。自 20 世纪末以来,嵊州市王飞罡先生培育的'红运'二乔玉兰等 8 个新品种红遍大江南北,带动了全国玉兰产业的发展,也成就了浙江省嵊州市"中国木兰之乡"之美誉。浙江农林大学申亚梅教授领衔的玉兰育种团队也一直开展木兰属种质资源收集、评价鉴定与品种创新研究。

2. 品种创新

针对国内木兰属种质创新进程缓慢、自主研发新品种少、高质量苗木少等问题,浙江省高度重视木兰属植物育种研究工作。20 世纪末起,嵊州木兰研究所的王飞罡先生拉开了浙江省木兰新品种培育工作的序幕；2003年起浙江农林大学申亚梅教授领衔的木兰育种研究团队在王飞罡先生的技术支持下成立，并于2012年获得了省农业科技新品种育种专项资金支持；2010年，棕榈生态城镇发展股份有限公司在浙江湖州建立了木兰育种团队。这些木兰研发团队的出现和发展，强化了浙江省木兰属育种技术攻关和品种创新。

近30年来，浙江省系统开展了木兰种质资源调查、收集与引种工作，同时以花大色艳、株形紧凑、花期长、抗性（耐寒性、抗高温）强、适应性广等为目标，培育出一大批花大色艳、花期长、株形独特、种植范围广的优良新品种，并在嵊州建立145亩木兰种质资源库（省级）1个。据《浙江植物志（新编）》记录，浙江省木兰属原生种类有14种，加上浙江农林大学、杭州植物园等单位引种栽培品种，目前浙江省栽培的木兰属资源有300多种（含品种）。2018年以来，浙江省共获国家林业和草原局植物新品种授权12件，其中'红颜妒''玲珑美人''霞蔚''娇娇女''小糖宝''黑魔法''流光'由棕榈生态城镇发展股份有限公司王晶育种团队培育；'帝韵''帝宝''吴越粉绣''景丹''景杭''景丽'由浙江农林大学申亚梅育种团队培育。

（四）育种和栽培管理

1. 育种技术

木兰属植物新品种可通过自然选择、芽变和人工杂交等方式获得。我国木兰属野生资源丰富，选择和利用杂种集群中优秀个体可加快育种进程；亲缘关系复杂的木兰品种，很容易出现芽变，利用品种的芽变也是培育木兰新品种的有效途径；人工杂交是培育木兰新品种的主要途径，目前不仅在木兰属种间可通过人工杂交选育新品种，还能与含笑属（*Michelia*）植物进行远缘杂交创制新种质。

2. 育苗栽培技术

木兰属新品种主要是无性系品种，以嫁接、扦插为主要繁殖技术，每个新品种都需要试验筛选最佳的繁殖要素组合，建立相应的繁育配套技术。木兰属新品种主要运用白玉兰（*M. denudata*）、望春玉兰（*M. biondii*）等的实生苗为砧木，通过芽接的方法进行繁殖。嫁接主要在秋季进行。宜选疏松肥沃土壤、地下水位高的种植地，需进行开沟排水，沟深为40~50cm。栽植密度根据苗木规格的大小、苗圃的立地条件以及水肥管理水平而定。建议干径小于1cm的嫁接苗株行距在1.5m×1.5m；干径在2~3cm的嫁接苗株行距在3m×3m。可在春季开花之前移栽，对于干径大于4cm的需要带土球移栽，移栽前进行适当修枝，并剪去萌蘖枝。

（五）新品种介绍

1. '红颜妒' （品种权号 20210346）

为木兰属杂交新品种。落叶小乔木或乔木，株形紧凑。花蕾顶生，偶有腋生；花碗状，花被片直立，盛开时花被片外张，背面深红色，内里浅红色，花径 15~18cm；花被片肉质，9~11 片，3~4 轮，外轮 3 片大萼片状或长阔卵形，中、内轮阔卵形，几同形、近等长。花期 3 月，夏秋偶有零星花。果实未见。

长势旺盛，株形圆整，花大色艳，花期早，单季花期长，可在公园、风景区等以列植、丛植、片植等方式营造壮丽景观，也可作行道树观赏。

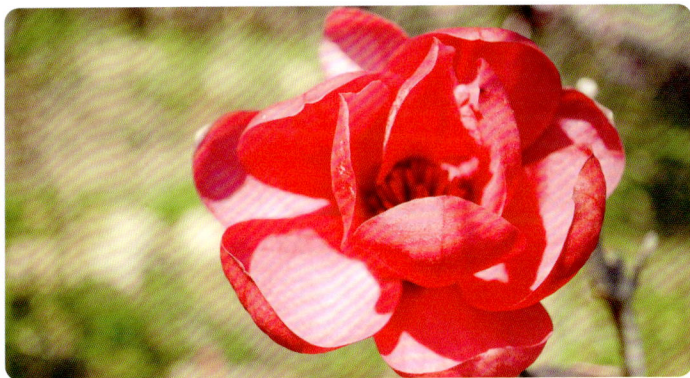

2. '霞蔚' （品种权号 20210348）

为木兰属杂交新品种。落叶大灌木或小乔木。花蕾顶生、腋生或类簇生；花杯状，花被片盛开时斜上，背面玫红色，内里白色，芳香，花径 9~10cm；花被片肉质，3 轮；外轮 3 片，萼片状，狭三角形，黄绿色；中、内轮倒卵状椭圆形，背面玫红色，内里白色。花期 3 月中下旬，夏秋有二次盛花。果期 9 月。

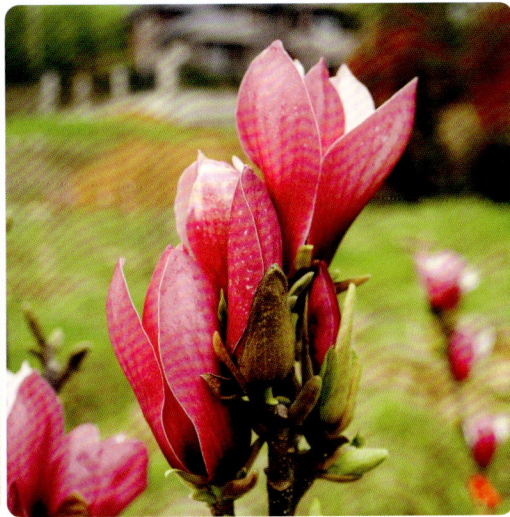

株形矮化紧凑，开花极繁密，花被片内外颜色对比明显，花期长，半成苗观赏效果也非常好，可植于庭院、花坛、花境或作盆栽观赏。

3. '玲珑美人'（品种权号 20210347）

为木兰属杂交新品种。丛生型落叶灌木，株形紧凑。花杯状，花被片直立，盛开时花被片外张，背面紫红色，内里白色至浅红色，花径 7~10cm；花被片肉质，6~8 轮，17~22 片，外轮 3 片，中 2~3 轮，内 4~5 轮。花期 3 月中下旬。果实未见。

株形饱满规整，花重瓣，开花密集，非常适合作中下层花灌木种植，也可植于庭院、花境或作盆栽观赏。

4. '娇娇女'（品种权号 20230253）

为木兰属杂交新品种。丛生型落叶灌木，株形紧凑，株高 1.5~2.0m。花蕾顶生、腋生，花菊花状，花被片外卷，背面浅紫红色，内里白色至浅红色，花径 7~10cm；花被片肉质，5 轮，14~15 片；外轮 3 片，萼片状，狭三角形，黄绿色；中 4 轮几同形，狭倒卵状椭圆形，浅紫红色。花期 3 月中下旬。果实未见。

花色鲜亮，花形精致，开花繁密，单季花期长，株形饱满，骨架均匀，半成苗观赏效果也非常好，适合作中下层花灌木种植，也可植于庭院、花境或作盆栽观赏。

5. '小糖宝'（品种权号 20230255）

为从'绿星'玉兰中选育的自然芽变枝，经历 1~5 代无性繁殖，性状稳定。落叶灌木，株形紧凑，株高 1.5~2.5m。花蕾顶生、腋生。花杯状，花被片盛开时斜上，芳香，径 10~15cm；花被片肉质，3 轮；外轮 3 片，萼片状，狭三角形，黄绿色；中轮倒卵状椭圆形，亮黄绿色至柠檬黄色，基部及中脉紫红色，内里白色；内轮倒卵形，粉红色，中脉及基部紫红色。花期 4 月，果期 8~9 月。

树形规整，花朵挺立舒展，花复色、鲜亮，开花繁密，单季花期长，可植于庭院、花坛、花境点缀或作盆栽观赏。

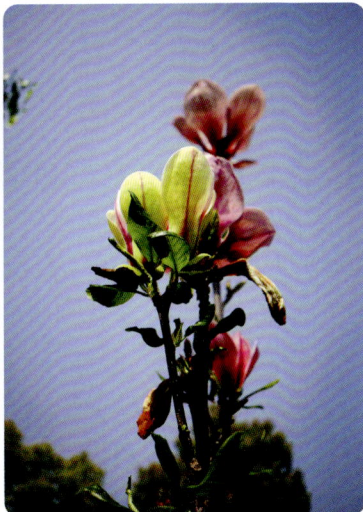

6. '黑魔法'（品种权号 20230256）

为木兰属杂交新品种。落叶灌木，株形紧凑。花蕾顶生，偶有腋生；花杯状，深紫红色，内里稍浅，初开时尤为精致小巧，盛开时花被片基部呈微爪状，花径 10~12cm；花被片肉质，3 轮，9 片，狭倒卵形，略扭曲，有时外轮略小，背面深紫红色，内里紫红色。花期 3 月中下旬，夏秋偶有零星花。果实未见。

花色较深，花朵玲珑精致，株形规整，可植于庭院、花坛、花境点缀或作盆栽观赏。

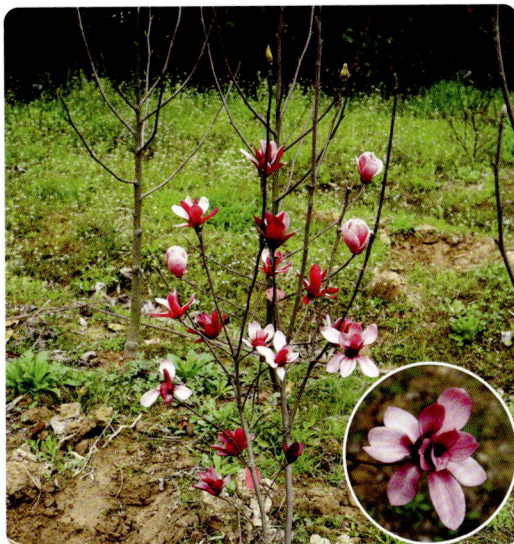

7.'流光'（品种权号 20180201）

为木兰属杂交新品种。丛生型落叶灌木，株形饱满。花蕾顶生、腋生；花玫红色，盛开时菊花状，花被片外张，不平展，花径 10~12cm，偶有'并蒂花'产生。花期 3 月。果实少见。

花重瓣，花色明丽，花形精致，开花繁密，株形饱满，小枝细密均匀，适合作中下层花灌木种植，也可植于庭院、花境或作盆栽观赏。

8.'帝韵'（品种权号 20180201）

为'红运'自交后代。乔木型，株形紧凑，叶片形态似亲本。花期 3 月，夏季稀有花，花被片数量 9 枚，分为外轮、中轮、内轮，中轮片最大，外轮花瓣状花被片外表面颜色为紫色，外轮花瓣状花被片内表面颜色为淡紫色。花初开时深紫色，凋谢时紫红色。

花色艳丽，株形紧凑，顶端优势明显，非常适合作行道树种植，也可植于公园、庭院等。

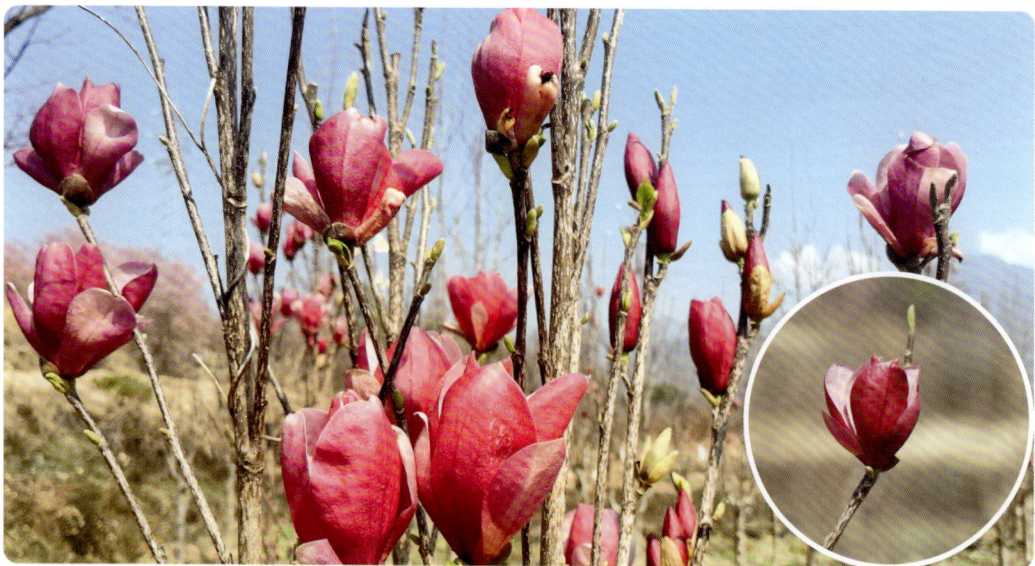

9.'帝宝'（品种权号 20180202）

为'红元宝'紫玉兰（♀）×'长春'（♂）的杂交品种。灌木型，叶片形态更接近父本。花期为3月，花被片数9枚，分为外轮、中轮、内轮，中轮花被片最大，其中外轮花被片萼片状至花瓣状，具有白色或粉色的斑带，间于亲本之间，长度4~10cm；外三轮花被片外表面灰紫色到红紫色。果实未见。

花色艳丽，花形独特，株形矮小，可植于庭院、花坛或作花境点缀、盆栽观赏。

10.'吴越粉绣'（品种权号 20230511）

为'红运'自交后代。乔木型，株形开展。叶片倒卵形。花期为3月，花瓣状花被片数9枚，分为外轮、中轮、内轮，外轮花瓣状花被片长为7.8~8.5cm，宽为5.7~6cm；外轮花瓣状花被片外表面颜色（或主色）浅红紫色，副色红紫色，内表面颜色（或主色）白色；中内轮花瓣状花被片外表面颜色（或主色）浅红紫色，副色红紫色；花初开时为紫红色，盛开时粉红色。雄蕊上部白色下部紫红色，雄蕊数约62个，长1.1~1.3cm；雌蕊数约51个，长0.3~0.5cm，柱头深红色。果实未见。

花相对较大，粉色，株形规整，可于道路、公园、庭院等空间栽植。

11.'景丹'（品种权号 20230489）

为从景宁木兰野生群体中选育的新品种。灌木型。叶片倒卵形。花期为 2~3 月，花瓣数 12~15 枚，分为外轮、中轮、内轮，三轮花瓣大小相近，呈狭长圆形，花瓣长为 3.1~3.5cm，花瓣宽为 1.3~2.5cm；外轮花瓣状花被片外表面颜色（或主色）红紫色，副色红紫色，副色的位置主要在基部，内表面颜色（或主色）红紫色；中内轮花瓣状花被片外表面颜色为紫色，内表面颜色为红紫色。花从初开至盛开时均为紫色。果实未见。

花色较深，花朵玲珑精致，株形飘逸，可植于庭院、花坛或作花境点缀、盆栽观赏。

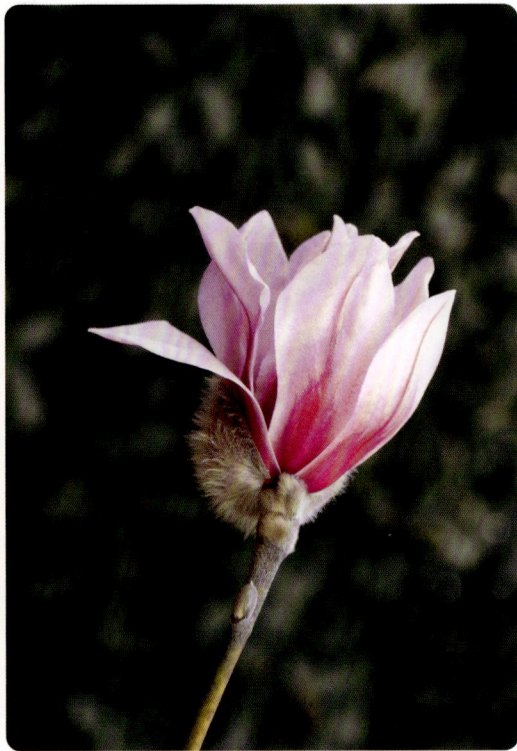

12.'景杭'（品种权号 20230501）

为从景宁木兰野生群体中选育的新品种。灌木型。叶片倒卵形。花期为 2~3 月，花瓣数 10~12 枚，分为外轮、中轮、内轮，三轮花瓣大小相近，呈长圆形，花瓣长为 3.8~4.5cm，花瓣宽为 1.6~2.0cm。外轮花瓣状花被片外表面颜色（或主色）白色，副色红紫色，内表面颜色为白色；中内轮花瓣状花被片外表面颜色为白色，副色为红紫色，副色的位置主要在基部，内表面颜色为白色；花初开时为白色，基部紫红色，盛开时紫红色。果实偶见。

花色明亮，株形规整，可植于庭院、花坛或作花境点缀、盆栽观赏。

13.'景丽'（品种权号 20230512）

　　为从景宁木兰野生群体中选育的新品种。灌木型。叶片倒卵形。花期为 2~3 月，花瓣数 11~12 枚，分为外轮、中轮、内轮，三轮花瓣大小相近，呈倒卵形，花瓣长为 3.7~4.6cm，花瓣宽为 1.3~2.4cm；外轮花瓣状花被片倒卵形，外轮花瓣状花被片外表面颜色（或主色）红紫色，块状分布，内表面颜色（或主色）白色；中内轮花瓣状花被片外表面颜色（或主色）红紫色，副色红紫色；花初开时淡紫红色，盛开时粉红色。果实偶见。

　　花形较小，花朵玲珑精致，株形矮小规整，可植于庭院、花坛或作花境点缀、盆栽观赏。

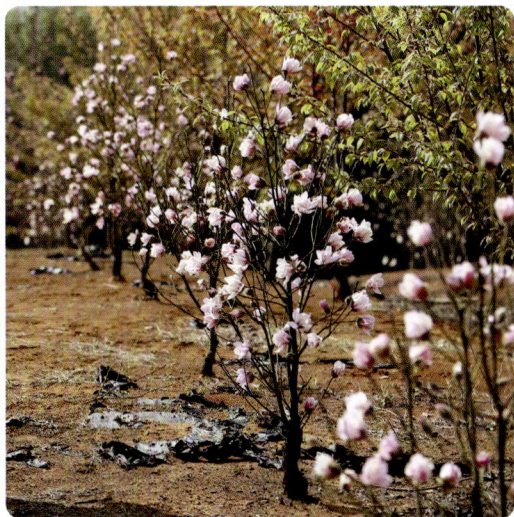

（六）新品种推广及应用

1. 推广应用成效

'红运''紫霞'等新品种已在 100 多个大中小城市的园林绿化中应用，并且二十多年以来一直是木兰属新品种推广应用示范的标杆。之后，浙江农林大学通过"十二五""十三五"以及"十四五"花卉育种专项支持，系统地开展了木兰属植物的资源收集与评价、选择育种与杂交育种的种质创新研究，并联合嵊州市景观园林绿化有限公司、嵊州市林场等单位合作开发玉兰属新品种选育技术，建成了国内玉兰种质资源最丰富的资源库，繁育玉兰 600 万株，建立采穗圃 200 亩，建立苗木基地 500 亩。近几年累积销售玉兰 300 万株，销售产值 10888 万元，获利 7928 万元，推广效益显著。

2. 获奖情况

'红元宝'紫玉兰获得第十届中国花卉博览会金奖。'小璇'玉兰在 2021 年 ACS 植物新品种中国适应性评选中获得银奖，并获得 2022 年度"中国好品种"称号。

3. 应用实例

'飞黄''红运''景新''红元宝''帝宝'等新品种都有大面积的推广和应用，应用范围北至北京、南到广州，应用形式有道路绿化、校园绿地、居住区绿地、室内绿化等。

（1）道路绿化：玉兰应用于道路绿化与孤植。

（2）校园绿化：玉兰应用于浙江农林大学校园玉兰路景观、中国美术学院象山校区。

（3）庭院绿化：'帝宝'等应用于庭院绿化

（4）室内插花：红运插花、滇藏木兰插花。

七、含笑 *Michelia* spp.

木兰科　Magnoliaceae
含笑属　*Michelia*

（一）生物学特性及应用价值

　　含笑属隶属于木兰科木兰族（Trib. Magnolieae）含笑亚族（Subtrib. Micheliinae），是木兰科中较为进化的类群。含笑花（*Michelia figo*）为该属研究最多的种类之一，"含笑"得名于其花盛开时"开而不放、笑而不语"。含笑属植物多为常绿乔木或灌木，树形美观、绿叶葱茂、花美芳香，不仅是著名的观赏花卉，而且是珍贵的经济植物。该属植物不仅木材优良，部分种类还具有材用、药用、油用和制香价值，是一类具有巨大潜在应用价值的珍贵植物。

　　含笑属植物一般 3~5 月开花或春秋两季开花，花生于叶腋，花两性，花形精致，花被片 6~21 枚，肉质，花色多白色、黄色或紫色、紫红色，多数花香浓郁，沁人心脾。含笑属植物中既有高大挺拔的常绿乔木，也有树姿优美的常绿小乔木，还有娇小的常绿灌木，树形丰富多彩，姿态各异。

　　含笑属植物原生种类丰富，株形多样、高矮兼具，花形精致，芳香怡人，可广泛用于盆栽、盆景造型及多样化的园林应用形式。其中含笑花、云南含笑（*M. yunnanensis*）等造型宜以自然式为主，也可通过攀扎与修剪相结合塑造成伞状、制成曲干式或斜干式等不同式样的盆景造型；广东含笑（*M. guangdongensis*）、金叶含笑（*M. foveolata*）、深山含笑（*M. maudiae*）、乐昌含笑（*M. chapensis*）等可在园林中丛植、列植或孤植，可配植于园门入口、园路一侧，也可数株集中种植于园落内，形成小园春色无限，还可与其他花木如桂花、玉兰、蜡梅等香花植物组景，形成群芳吐艳的场景，还可营造植物专类园和城市森林。

（二）种质资源及育种进展

1. 资源分布

　　含笑属是木兰科第二大属，全世界约有 50 种，分布范围全部位于亚洲东南部地区。南部边界至印度尼西亚的加里曼岛和苏门答腊岛，西至印度，北至日本南部，分布的气候带为热带、亚热带及温带，分布的国家和地区主要包括中国、印度、斯里兰卡、中南半岛、马来群岛、日本南部等。目前国际木兰协会登记的含笑栽培品种有 131 种。

我国含笑属约有 41 种，占全世界的 80% 以上，大多为我国特有种，主要分布于西南部和东部地区，尤以云南最多。云南是木兰科含笑属植物分布和起源的中心。浙江省原生含笑属植物有野含笑（*M. skinneriana*）、深山含笑、金叶含笑、雅致含笑（*M. elegans*）；引入栽培的原种主要有含笑花、紫花含笑（*M. crassipes*）、乐昌含笑、黄兰（*M. champaca*）、台湾含笑（*M. compressa*）、苦梓含笑（*M. balansae*）等。

2. 育种进展

我国含笑属植物的新品种创制取得了一定的成果。国家林业和草原局授权含笑新品种 55 个。中国科学院昆明植物研究所龚洵研究组主要以球花含笑（*M. sphaerantha*）、云南含笑、紫花含笑、金叶含笑等为亲本杂交培育出'雏菊''春月''郁金''丹芯''沁芳''云霞''晚春'等 10 多个新品种。昆明植物园孙卫邦研究组则以灰岩含笑（*M. calcicola*）、紫花含笑、棕毛含笑（*M. fulva*）等为亲本培育出了'端紫''缘紫''玉馨''瓣蕊''朱芯''点绛唇''胭脂醉''赤龙爪''妃子笑'等一系列含笑新品种。中国林业科学研究院亚热带林业研究所姜景民研究组以乐昌含笑、紫花含笑、云南含笑、深山含笑为亲本，利用人工杂交等方法选育出了'梦缘''梦紫''梦星''梦舞'等多个含笑新品种。中南林业大学曹基武研究组主要以醉香含笑（*M. macclurei*）、阔瓣含笑（*M. platypetala*）、云南含笑、深山含笑等为亲本培育出了'中林''丹霞''春韵''玉霞'等含笑新品种。陕西省西安植物园、棕榈生态城镇发展股份有限公司王亚玲、王晶课题组主要以广东含笑、新含笑（*M. 'Xin'*）、南亚含笑（*M. doltsopa*）、金叶含笑等为主要亲本开展杂交育种，选育出'转转''香绯''香雪''云裳''粉琉璃''雅馨'等 20 多个含笑新品种。此外，在一些原种的天然变异或实生苗中，不少育种者也挖掘了一些含笑新品种，如'花好月圆''粉蕴''红妍'和'锦绣含笑'等。

（三）栽培历史及浙江省品种创新

1. 栽培历史

我国栽培和应用含笑属植物历史悠久，早在宋代就已有应用，有诗为证：杨万里的十绝《含笑花》"熏风晓破碧莲苞，花意犹低白玉颜。一粲不曾容易发，清香何自遍人间。"不仅形象地表现其美丽，还对它提出了很有深意的设问。南宋李纲《含笑花赋》中写到"南方花木之美者，莫若含笑。绿叶素容，其香郁然"，此赋详细记载了含笑北移到杭州的整个过程，为含笑花的园林栽培留下了珍贵史迹。在古代，人们还将含笑做成香料，取花瓣置于手帕里，可使香气沁人，宋诗"只有此花偷不得，无人知处忽然香"便生动地描写了含笑香味的浓郁。到现在，含笑属植物已经普遍应用在园林绿化、药用、材用、化工等多个领域，特别是在园林绿化方面有了长足的发展。

1979 年，浙江省相关研究人员首次开展乐昌含笑的引种驯化工作，20 世纪 90 年代曾多次引进湖南、江西等地。乐昌含笑种子在富阳、建德等地进行引种栽培试验，乐昌含笑在浙江表现出良好的适应性，成为浙江省引进国内乡土树种中表现较突出的树种之一。2011 年中国林科院亚林所在浙江省余杭区长乐林场对 11 个乐昌含笑种源进行造林试验，试验发现南岭以北的中东部诸种源造林保存率较高，生长亦较好，应是适宜的种源材料。中国林科院亚林所姜景民等对紫花含笑天然种群的遗传多样性开展了研究，并收集了多个天然的紫花含笑遗传资源，保存于杭州富阳。目前该所的山茶、木兰国家林木种质资源库中还保存了金叶含笑、深山含笑、川含笑（*M. szechuanica*）、多花含笑（*M. floribunda*）、野含笑等多种含笑种质资源。当然，含笑花仍是浙江园林绿化中最常见的含笑属植物，目前在各个植物园及公路两旁的绿化带中均可见含笑花的身影。

2. 品种创新

浙江省含笑育种团队一直积极开展种质资源调查，加强种质资源收集和新品种引选。据《浙江植物志（新编）》记录，浙江省含笑属物种有 19 种，加上中国林科院亚林所、杭州植物园等园林院所引种栽培品种，浙江省栽培的含笑属资源共 37 种（含品种）。截至目前，浙江省内人工培育出花色特别、花形多样、花香怡人、花期不同、树形优美且具有自主知识产权的新品种 15 个，用以满足国土绿化、森林城市景观构建之需。

（四）育种和栽培管理

1. 育种技术

目前主要通过自然变异筛选和人工杂交方式获得含笑属植物新品种。中国野生含笑资源丰富，野生含笑种类间容易出现自然杂交，选择和利用杂种集群中优秀个体可加快育种进程；人工杂交是培育含笑新品种的主要途径，通过人工杂交和选育容易获得能满足人类需求的理想新品种。

2. 栽培管理

含笑属植物幼年期耐阴湿环境，成年喜光、喜湿、喜肥。不耐积水，要求排水良好，栽培以疏松肥沃、排水良好的土壤为宜，易涝易旱、贫瘠黏重的地段不宜栽植。以酸性至中性土为宜，部分树种可耐一定的盐碱性，但生长不良。含笑类树种引种至分布区以外，低温和空气干燥是主要限制因子，如气温低于 −5℃时，白兰（*M. alba*）和黄兰会出现冻害。当然，大多数含笑类树种属南部中高海拔分布种具有较强的耐寒性，在一些偏北地区中气候湿润的低海拔地带是能够正常生长的，但北方地区栽培需尽可能选择避风地段，不宜普遍种植。此外，含笑属植物不耐移栽，移植时间应尽量选择春季萌动前，同时尽可能保有细根。

（五）新品种介绍

1. '梦景'（品种权号 20150048）

为从乐昌含笑实生苗中筛选出的新品种。常绿直立型乔木。树皮灰褐色。嫩枝开展，被疏毛。叶革质，边缘上卷，倒卵形椭圆形，长 5~12cm，宽 2~6cm，叶基楔形，先端渐尖，叶上面深绿色，下面浅绿色，叶柄几无托叶痕。花被片乳白色，薄革质，先端钝或微凹，2 轮 6 片，外轮倒卵形，内轮较狭。花期 3~4 月。能耐高温，喜温暖湿润的气候，可在江南各地广泛栽植。

2. '梦荷'（品种权号 20150047）

为从乐昌含笑实生苗中筛选出的新品种。常绿直立型乔木。树皮灰褐色。嫩枝开展，被疏毛。叶薄革质，边缘波状，长圆状倒卵形或长椭圆形，长 6~18cm，宽 3~7cm，先端渐尖，叶上面深绿色，下面浅绿色，叶柄几无托叶痕。花被片较长，薄革质，先端尖，外表面在边缘和纵向中央具淡紫色色晕，内表面淡黄色；2 轮 6 片，外轮倒卵状椭圆形，内轮较狭。花期 3~4 月。能耐高温，喜温暖湿润的气候，可在江南各地广泛栽植。

3.'雅馨'（品种权号 20210407）

为含笑杂交的新品种。常绿大灌木或小乔木。花芽、叶芽、嫩叶、叶背面、叶柄、花梗和嫩枝密被锈红色毛。叶厚革质，具光泽，卵圆形，先端渐尖，上面深绿色，下面锈红色。花莲花状，纯白色，盛开时半开展，不平展，芳香，花径 7~8cm；花被片肉质，9~10 片，3（4）轮，阔倒卵状椭圆形，外、中、内轮几同形、近等长。花期 3~4 月，8~9 月有二次盛花期，果期 9~10 月。适宜杭州、成都、广州等及气候相近的 8b–11 气候区种植。

叶色金亮，叶片圆润，株形圆整，花形精致优美，芳香宜人，成年大树可作孤植树或庭荫树，独立成景。半成苗可植于庭院、花坛或作花境点缀、盆栽观赏。

4.'春晖'（品种权号 2021350）

为含笑杂交新品种。常绿乔木，株高 4~5m。叶革质，具光泽，长卵状椭圆形，先端渐尖，上面深绿色，下面浅绿色。花梗 2~3 节；花杯型，纯白色，盛开时半开展，不平展，具芳香，花径 8~9cm；花被片 10~12，3~4 轮，外、中、内轮几同形、近等长。花期 4 月。果期 9~10 月。适宜杭州、成都、广州等及气候相近的 8b–11 气候区种植。

株形优美，叶色金亮，花形精致优美，花色洁白素雅，芳香宜人，适应性强，适宜园林绿化或盆栽观赏，应用前景广阔。

5. '小娇黄'（品种权号 2021349）

为含笑杂交新品种。常绿大灌木或小乔木，高 1.5~2.5m。花芽、叶芽密被锈色毛，主叶脉、叶柄、嫩枝疏被锈色毛。叶革质，具光泽，长椭圆形，先端渐尖，上面深绿色，下面淡绿色。花浅杯状至盏状，亮黄色，基部黄绿色，具浓香，花径 5~7cm。花被片 6，肉质，内轮花被片较外轮花被片略窄。花期 4 月。结实较少。适宜杭州、成都、广州等及气候相近的 8b~11 气候区种植。

花色纯净，开花密度极大，非常适合庭院栽培或作盆栽观赏。

6. '心连心'（品种权号 20230241）

为含笑杂交新品种。常绿乔木。花芽、叶芽密被锈色毛。叶革质，有光泽，长椭圆形，深绿色。几无托叶痕。花被片 7~11，奶白色或浅黄白色，基部黄绿色，花径 8~10cm，盛开时莲花状，有香味；雄蕊群黄色，雌蕊群黄绿色。花期 3 月下旬。未见结实。适宜杭州、成都、广州及气候相近的 8b~11 气候区种植。

顶端优势明显，树姿挺拔优雅，开花醒目，芳香浓郁，非常适合孤植或列植作行道树。

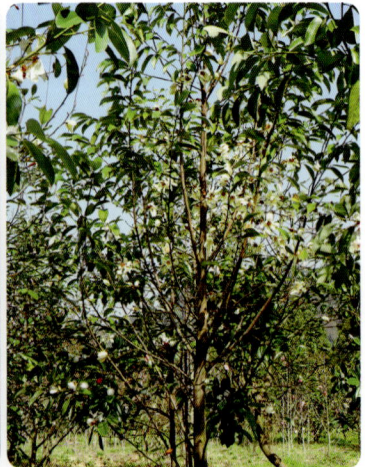

7.‘栖蝶’（品种权号 20230242）

为含笑杂交新品种。常绿小乔木或大灌木。花芽、叶芽、幼叶背面密被锈色毛。叶革质，有光泽，长椭圆形、倒卵状椭圆形或长卵形，深绿色。花被片 6，粉白色，长卵圆形，花径 6~8cm，盛开时盏状，有香味；雄蕊群紫红色，雌蕊群黄绿色；花期 4~5月上旬。未见结实。适宜杭州、成都、广州及气候相近的 8b–11 气候区种植。

株形飘逸，花形特别，花香浓郁，非常适合植于庭院、花坛或作花境点缀观赏。

8.‘粉琉璃’（品种权号 20230254）

为含笑杂交新品种。常绿小乔木。花芽、叶芽、叶柄、花梗和嫩枝密被锈红色毛。叶革质，有光泽，长椭圆形或长卵状椭圆形，绿色；几无托叶痕。花狭卵状，亮粉色至粉白色，盛开时半开展，芳香，花径 2~4cm；雄蕊群短于雌蕊，紫红色，雌蕊黄绿色。花期 3月中旬至 4月。果期 9~10月。适宜杭州、成都、广州及气候相近的 8b–11 气候区种植。

花色纯净，芳香怡人，开花密度极大，株形规整，非常适合植于庭院或作花境点缀、盆栽观赏。

9.‘金馨’（品种权号 20160055）

为含笑杂交新品种。常绿小乔木。树冠近圆形。嫩枝、芽、叶背上密被黄铜色柔毛；叶革质，椭圆形、倒卵状椭圆形，上面深绿色，下面褐绿色；叶柄上有托叶痕，长 2~3mm。花常双生叶腋，花被片 6~9 片，乳白色。聚合果长 5~11cm。一年可开花两次，花期 3~4 月及 8~9 月，花期长达 1 个月，花苞众多。果期 9~10 月。

既挺秀又具芳香，是一个园林绿化的优良种质。花色亮黄色，花量极大，花形精致，芳香宜人，适应性强，较耐寒，易繁殖，适宜园林绿化、城乡美化或盆栽观赏，应用前景广阔。

10.'花好月圆'（品种权号 20140054）

为从紫花含笑天然变异中选育的新品种。常绿小乔木。枝叶浓密，冠形紧凑。叶片近圆形，上表面深亮绿色，厚革质。花淡香，直立，单生叶腋；花被片 6，肉质，椭圆形，紫色全晕染，外表面基部及内表面尤浓。花期 3~5 月。

抗逆性较强，耐旱、耐寒和抗病虫害等方面的能力较强，适应范围广，已在浙江、福建、江西和江苏等地栽植。

（六）新品种推广及应用

'梦景'株形紧凑，花量繁多，花乳白色，'梦荷'株形紧凑，花被片较长，外表面在边缘和纵向中央具淡紫色色晕，芳香浓郁，孤植、对植、列植等均能营造出优美的园林绿化景观。通过签订品种权应用许可协议，推广销售至上海、江苏、湖北等省份，在长三角地区生态绿化工程中应用 5000 余株，产生了良好的经济、生态和社会效益。

'金馨'主干显著，花期较早，每年春季 3 月上旬即可开花，花期长达 1 个月，花苞众多，每年秋季 9 月上旬至 10 月上旬可二次开花，芬芳馥郁，在庭院、公园及河岸等地孤植、丛植、片植均能营造出优美的园林景观。该品种已在西湖十八景之一的"玉泉鱼跃"景点、杭州植物园主入口等地进行推广应用，深受游客喜爱，产生了良好的经济、生态和社会效益。

'花好月圆'已被推广到浙江建德、福建南靖和江西九江等地，累计应用20余万株于城市绿化、美丽乡村建设。

八、桂花 *Osmanthus fragrans*

木樨科　Oleaceae
木樨属　*Osmanthus*

（一）生物学特性及应用价值

桂花又名木樨、岩犀、岩桂、圭木、九里香、七里香、金粟、古香、天香等，属木樨科木樨属植物，为木樨属代表种，常绿灌木或小乔木，是集绿化、美化、香化于一体的观赏与实用兼备的优良园林树种，素以花香名满天下，被誉为"花仙"，是中国传统"十大名花"之一，也是世界上园艺化最早的观赏植物之一，被广泛应用于城市森林、著名风景区和世界各公园中。我国拥有为世界桂花新品种注册的"桂花品种国际登录权"。

桂花在我国栽培已有 2500 多年的历史。桂花一般秋季开花，但也有如'四季桂'，可在秋、冬、春等多季开花。桂花的花芽分化一般经过 6 个时期，即花序分化期、小花分化期、花萼分化期、花瓣分化期、雄蕊分化期和雌蕊（退化雌蕊）分化期。聚伞花序簇生于叶腋，或近于帚状，每腋内有花多朵；花极芳香；桂花分为金桂、银桂、丹桂、四季桂和彩叶桂五大品种群，姿态各异，不仅观赏价值极高，而且有些品种具有较高药用、食用或工业经济价值，而且以神话传说、诗词歌赋、园林景观等各种形式表现出来，形成了以桂花为核心的文化现象和文化体系，成为中国灿烂的花卉文化中的一朵奇葩——桂花文化。

木樨属植物树形美观，花馥郁文雅，沁人心脾，为著名园林绿化树种；花可用于提取香精、熏茶、制糕点等，入药有散寒破结、化痰生津等功效；果可榨油食用，入药有暖胃平肝、散寒止痛等功效；根也可入药。

彩叶桂是 2014 年新确立的桂花品种群（*Osmanthus fragrans* Colour Group），除具备传统桂花的优良性状外，兼具绚丽多变的叶色，主要以观叶或观茎干为目的，集"形、香、色"于一体，是少有的常年彩色叶植物之一，也是不可多得的园林绿化树种，具有广阔的应用前景，打破以往对桂花以观花、闻香为主的传统观念，提高桂花品种观赏性，可周年"观叶、赏花、闻香"。彩叶桂一年四季不停变换叶片颜色，包括紫色、红色、淡黄色、金黄色、乌绿色、黄绿相间等，花色为金黄色。目前在四川、重庆、江苏、浙江、山东、广西、广东、安徽等地均有栽培。

（二）种质资源及育种进展

1. 资源分布

木樨属植物全世界约有 33 种，分布于亚洲东南部、大洋洲和美洲。中国有 24 种，占全球的 72.7%；浙江有 6 种。其中，桂花是木樨属的模式种，露地栽培于湖北、江苏、浙江、广西、四川等 20 个多省份，日本、澳大利亚、美国及欧洲等国家也有栽培。中国是世界木樨属植物的起源、分布和生产中心，据 Kaempfer 记载日本栽培的桂花来自中国，而英国的桂花是 1771 年前后由中国或日本传入，之后又从英国或直接从中国传入欧洲其他国家以及印度、爪哇等地。我国西南、中南和华东地区是桂花的中心分布区。

桂花原产于我国长江流域至华南、西南各地。栽培区广阔，在秦岭以南至南岭以北均有大量露地栽培，露地栽培的北界可达山东省青岛市与威海市。国内露地栽培桂花的主要省份有湖北、江苏、浙江、广西、四川、湖南、江西、安徽、重庆、云南、贵州、福建、广东、上海、河南、西藏、陕西、甘肃、山东、台湾等 20 多个省份。其中，湖北省咸宁市（咸安区）、广西桂林市、浙江省杭州市、江苏省苏州市（吴中区和相城区）、四川省成都市（新都区），为全球桂花五大传统主产区，被评为 "中国桂花之乡"。

我国桂花品种资源丰富，全国有 200 多个品种（包括桂花植物新品种 80 多个）。其中，在苏州城内，1998 年建成的桂花公园种植了 40 多个桂花栽培品种，是当时国内桂花品种收集较多的专类园。2002 年，向其柏等对中国桂花品种进行了初步整理，共记载了全国 62 个桂花品种，其中四季桂品种 12 个，银桂品种 11 个，丹桂品种 14 个，金桂品种 25 个。2004 年，臧德奎等在对桂花的历史研究、木樨属及桂花的地理分布深入分析的基础上，对全国范围内的桂花品种进行了系统的整理，将桂花品种分为 5 个品种群，其中四季桂品种群 20 个品种，银桂品种群 59 个品种，金桂品种群 50 个品种，丹桂品种群 40 多个品种，彩叶品种群 65 个品种。桂花原以观花、闻香为主，有些新培育的彩叶桂（亦称彩桂、彩叶桂花）品种，其叶色、幼枝变异非常绚丽，亦可观叶。2014年，木樨属品种国际登录中心建立了彩叶桂品种群。

除桂花外，我国木樨属植物还有野桂花（*O. yunnanensis*；云南桂花）、山桂花（*O. delavayi*；管花木樨）、柊树（*O. heterophyllus*）、石山桂花（*O. fordii*）、宁波木樨（*O. cooperi*；华东木樨）、红柄木樨（*O. armalus*）、短丝木樨（*O. serrulatus*）、牛矢果（*O. matsumuranus*）、蒙自桂花（*O. henryi*）、小叶月桂（*O. minor*）、香花木樨（*O. suavis*）、厚边木樨（*O. marginatus*）等。

2. 育种进展

桂花经过长期栽植、自然杂交和人工选育，形成了丰富多样的栽培品种，即 5 大品种群 200 余个品种（包括桂花新品种 80 多种），在江苏、浙江等 20 多个省份均有栽培，尤以桂林、杭州、苏州、成都和咸宁等市栽培最盛，是我国桂花传统的五大产区。在长期栽培过程中，因天然杂交和变异并经长期选优逐渐而产生较多的彩叶品种。目前已有的彩叶桂品种主要来源于播种苗的人工选择、扦插苗及芽变。从培育地点来看多集中在福建与广西，其他地点数量较少，经查实福建申请的品种是从广西桂林采集的桂花种子经播种后选育，因此绝大部分彩叶桂品种变异均来自广西桂林地区。彩叶桂的色系主要为红色系与黄色系，且红色系也会在特定时期变为黄色，大多数最终均变为绿色，属季节性变色树种，只有'闽农桂冠'最终变为墨绿色，'金玉桂花'变为黄绿色。

自从植物新品种保护制度实施以来，2000年国家林业局令第5号发布了《中华人民共和国植物新品种保护名录（林业部分）》（第二批），其中包含桂花。全国广大桂花育种爱好者，积极开展桂花野生资源调查、收集和评价，深入开展育种研究和品种创新，截至2023年年底，全国已申请82个桂花的林草植物新品种（原林业植物新品种），授权65个桂花新品种，分布于福建、广西、湖北、湖南、江苏、江西、山东、浙江、重庆9省份，其中浙江23个新品种。

（三）栽培历史及浙江省品种创新

1. 栽培历史

杭州栽培桂花自东晋咸和年间，当时的桂花大都分布于灵隐、天竺一带，为附近的寺庙所培植，距今已有1700余年的历史。杭州是我国历史上"五大桂花产区"之一，自晚唐、五代时桂花已经开始大量应用于园林中，满觉陇的桂花在明代已成规模；1985年，"满陇桂雨"被评为"新西湖十景"。1956年，杭州植物园建立桂花紫薇园，种植了桂花18个品种共2000余株。西湖的平湖秋月、苏堤春晓、长桥公园等景点，处处桂花满园，早已为世人所悉知。杭州桂花数量之多，栽培面积之大，品种之优，也在全国闻名。杭州的大街小巷、湖畔公路，每逢中秋，到处桂子飘香，尤以满觉陇最为著名，享有"十里桂花廊"之美誉。满觉陇的桂花以'金桂''银桂''丹桂'和'四季桂'为主，各具特色。金桂花朵多而密，花色金黄，香气浓郁，在桂花中最具观赏价值；银桂有'籽银桂''九龙桂''早银桂''晚银桂''白洁'之分，花色多样，纯白的洁白如雪，乳白的透着温润，黄白的白中带点淡淡的嫩黄；丹桂属于大型灌木，植株比前两种高大，开花量不比金桂，色呈橘红色，香气甚浓；四季桂植株较小，一年开花数次，但仍以秋季为主，花朵密集，在枝条中分布均匀，花呈黄白色或淡白色，气味芳香，持续时间较其他品种长久。桂花景观是杭州极具代表性的植物景观，为游客提供了丰富的游憩体验和康养服务，已成为西湖世界文化遗产中不可或缺的景观，也逐渐发展成为富有特色的西湖桂花文化。1983年桂花被评为杭州市花，而后又有新昌县、兰溪市、江山市、衢州市、台州市、仙居县、常山县等地将桂花评为市（县）花。2000年6月，国家林业局和中国花卉协会将杭州市命名为"中国桂花之乡"。

2. 品种创新

浙江省现有桂花面积20.38万亩，栽植品种约200个，主要集中在杭州、金华、绍兴、宁波、台州等地，如杭州的金桂、银桂、丹桂，金华的金桂、银桂、丹桂、四季桂，绍兴的金桂、丹桂、四季桂，宁波、台州的四季桂等都有较大的栽培面积和产量。尽管桂花野生资源丰富，栽培面积和数量已成为园林苗木中最大的种类之一，但是桂花园林应用特色品种尤其彩叶资源相对稀缺，为充分利用桂花野生资源，拓展桂花应用面和观赏期，桂花创新团队坚持以种质资源收集—品种引选—苗木扩繁—高效栽培技术—市场营销（园林应用）为主线，于2003年开始对全国范围内的桂花野生资源和栽培种质资源进行系统的调查、收集、整理和评价，建立桂花种质资源库，同时对野生资源的地理分布、种群特征、更新方式、性系统、遗传多样性等和栽培种质的观赏性状、适应性、亲缘关系、栽培起源等基础信息开展系统而深入的研究，明确了我国桂花栽培品种资源，使浙江省品种数量由原来的37个增加到近200个。相继成立产学研一体化的创新团队，深入开展叶色、花色、花香、开花特性及成花机理等基础研究，系统进行选择育种、杂交育种、诱变育种等育种技术研究和种质创新及品种选育，已初步建立起桂花产业创新体系，从桂花种质资源圃建立、新品种培育、桂花种植、初级产品加工、桂花衍生产品深加工、桂花文化发展、生态旅游开发、品牌打造，到国内外市场开拓等，形成以桂花产业开发为主，集生态旅游、观光于一体的高效桂花全产业链，推动桂花产业高质量发展。截至2023年年底，在浙江临安、安吉、金华等地建立全国桂花资源最多、品种最全的种质资源库，保存优良种质564份，包含品种184个；获自主知识产权授权品种24件，占全国（65件）35.4%，其中，浙江理工大学8件，分别为'罗彩1号''罗彩2号''罗彩16号''罗彩17号''罗彩18号''罗彩19号''如雪''四季红'；金华市奔月桂花专业合作社7件，分别为'华安天香''胭脂红''葱郁''黄绒球''金蟾''香魁''胜雪'，还与山东农业大学共有3件，分别为'金灿''绿满园''早馨'；杭州园林3件，分别为'串银球''玉帘银丝''金玉桂花'；浙江农林大学3件，分别为'凝脂香''暖金香''华灿'；其余还有东阳的'好运来'、宁波的'橙光墨影'、台州的'盘垂桂'。国际登录20个，不仅不断丰富品种和优化类型，而且为桂花产业转型升级和美丽浙江建设提供品种支撑。

自从实施植物新品种保护制度以来，桂花创新团队强化选育和品种创新，已研发出一大批树姿优美、花繁叶茂、花香色艳、抗性强、适应性广、极具观赏性的新品种，这些新品种的推广和应用，将助力乡村振兴和美丽中国建设。

（四）育种和栽培管理

1. 育种技术

选择具有多次或持续开花特性、性状奇特、叶色独特、观赏价值高的新品种为目标，剪取变异优良植株的枝条进行扦插或嫁接繁殖，观测不同年份无性繁殖苗木的性状是否具有遗传稳定性。通过随机区组设计开展品种比较试验。桂花选育团队深入开展桂花花色、香味、叶色变化、开花特性、成花机理和观花期等基础研究，系统开展选择育种、杂交育种、诱变育种等育种技术研究和种质创新及品种选育。建立了桂花品种评价筛选体系、基于杂种幼胚拯救技术的杂交育种技术体系和诱变技术体系。全方位开展了桂花品种快速繁殖、容器化育苗、花期调控和引种驯化工作，研究开发了桂花花期和花量调控技术、桂花全光照喷雾育苗技术体系。着力开发工程苗、容器苗、造型苗（花瓶、花柱、屏风等）盆花等不同类型桂花产品，并研究快速繁育、造型、整形修剪、株形控制、花期和品质调控等配套技术，积极推广示范和产业化应用，一方面极大地丰富市场品种类型，另一方面带动行业实现转型升级，取得了可观的经济效益、生态效益和社会效益。

2. 栽培管理

实际生产中扦插和嫁接是桂花繁育栽培的主要方式。桂花的嫁接主要采用的是切接法和腹接法。时间选择上以 3 月中旬为佳，接穗则挑选枝条下部，适宜粗度为 0.8cm。在选择砧木进行嫁接时，需注意嫁接时间的选取，提前做好准备，一般也会取得较高的成活率。选在温暖通风、排水良好、光照充足或半阴环境酸性土壤，应在春季或秋季，尤以阴天或雨天栽植最好。使用 1~2 年生扦插苗时可裸根栽培；3 年生以上苗木应带土球栽培；移栽宜于当年 11 月至翌年 3 月进行，避免新芽展叶后移栽影响成活率。桂花喜温暖，抗逆性强，既耐高温，也较耐寒，生长旺盛，抗性较强，对茂密的桂花枝条进行适当修剪，不仅能增加通风透光性，而且可以预防病虫害发生。

（五）新品种介绍

1. '金玉桂花'（品种权号 20140095）

为银桂芽变选育而来的新品种。属四季桂品种群。常绿小乔木。自然树冠呈圆球形。树势较强健。叶色金黄，革质，单叶对生，叶缘呈锯齿状，叶长一般在 6~9cm，宽 2~3cm，叶柄长约 1cm，先端渐尖。母本花色为橙红色，具有丹桂品种群花的特点。枝条萌发力强、生长较快、抗病性强。

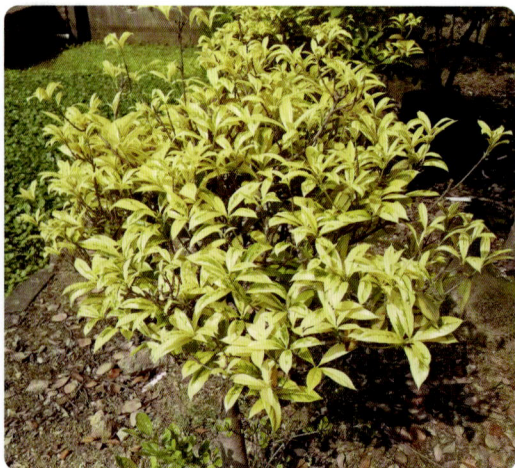

2. '玉帘银丝'（品种权号 20190059）

为野外发现的优良单株选育而来的新品种。属银桂品种群。小乔木，高 3~4m。树冠圆球形，分枝密集。树皮深灰色，纵裂，皮孔褐色，明显隆起，较密。新枝紫色。叶片椭圆状披针形，长 8~12cm，宽 2.8~4cm；厚革质，叶面平展，有光泽，绿色，基部楔形，先端渐尖，叶尖常歪斜下弯，侧脉 9~14 对，网脉明显，叶柄长 9~13mm，黄绿色，新叶紫红色。花枝长 8~12cm，每节叶腋内花芽 2~3 对；每花序有花 7~9 朵；着花繁密，香气浓郁；花梗细长下垂，长达 12~19mm，绿色，盛开时花朵向下；花黄白色（RHS 4A–4B）；花冠大而平展，直径 9~11mm；裂片椭圆形，分裂很深；雌蕊退化。不结实。每年开花 2~3 次，9 月下旬始花。

3. '华安天香'（品种权号 20190060）

为"天香台阁"芽变选育而来的新品种。属四季桂品种群。小乔木。花大，直径达 1~2.5cm，橙黄色或橙红色（RHS CC21A–B），裂片 4，稀 3 或 5，常内扣，肉质肥厚，卵圆形，长 4~9mm，宽 3.5~8mm。盛花期秋季 9~11 月和春季 3~5 月，冬季室内可开花，夏季有少量花开，在四季桂品种群中与所有已知品种均不同。适合在华东、华中、西南及华南地区栽植。

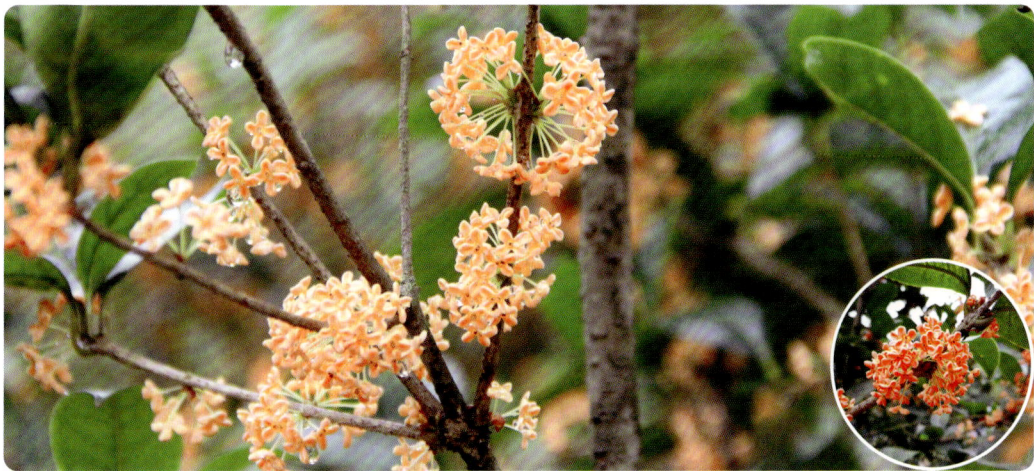

4.'胭脂红'（品种权 20160138）

为从桂花实生苗中选育的新品种。属丹桂品种群。小乔木。花初开时乳黄色，旋即变为胭脂红（RHS CC74A–B）；花冠近平展，径约 10mm；花冠筒长 3~4mm，裂片椭圆形或倒卵状椭圆形，长 4mm，宽 2mm；子房发育。花期秋季 9 月旬至 10 月上旬。可在华东、华中至西南等地区栽植。适应性强，喜光，也较耐阴，对土壤要求不严格，在酸性和中性土上均可生长，较耐干旱瘠薄，生长快，寿命长，易繁殖。

5.'凝脂香'（品种权号 20210470）

为从桂花实生苗中选育的新品种。常绿乔木或灌木。叶革质，成龄叶椭圆形，长 5.7~7.8cm，宽 2.6~3.4 cm，叶片基部楔形，先端渐尖，叶缘自基部 1/2 以上有锯齿，叶面近平展，略"V"形内折，无皱缩，略有光泽，主脉紫红色且凹凸程度小，侧脉不隆起，网脉明显。叶从初期的暗紫色（RHS 187B）变为紫红色（RHS 183D），后逐渐变为橘粉色（RHS 174D）、橘黄色（RHS 165D），叶柄暗紫色（RHS 187A），5~7mm，幼枝暗紫色（RHS 187A）。耐热性较好，彩色叶观赏期 3 月中下旬至 4 月，以 3 月底到 4 月初最佳。适宜长江流域及以南地区栽培。适应性强，生长快，寿命长，易繁殖。叶色季相变化丰富，观赏期长，具有较高的观赏性和推广应用价值。

6.‘暖金香’（品种权号 20210471）

为从桂花实生苗中选育的新品种。常绿乔木或灌木。叶革质，成龄叶卵形，长5.6~7.8cm，宽 2.7~3.4 cm，叶片基部楔形至圆形，先端渐尖，叶缘有细小锯齿或近无，叶面近平展，略"V"形内折，有明显皱缩，略有光泽，叶片厚度中等，主脉黄绿色且凹凸程度小，侧脉隆起，网脉不明显。叶从初期的粉红色（RHS 182C）变为橘色（RHS 172C）逐渐变为橘粉色（RHS N170C）、黄色（RHS 160C），叶柄紫红色（RHS 187B），6~7mm，幼枝紫红色（RHS 187B）。耐热性较好，彩色叶观赏期 3 月中下旬至 4 月，以 3 月底到 4 月初最佳。适宜长江流域及以南地区栽培。适应性强，较耐干旱瘠，生长快，易繁殖，观赏期长，具有较高的观赏性和推广应用价值。

7.‘罗彩 1 号’（品种权号 20190175）

为彩叶桂花种子二代变异新品种，又名‘脂玉’。小乔木。幼叶由粉红色变为灰黄色、黄绿色，成龄叶绿色；幼叶叶柄紫红色，嫩枝为红色，最终变为黄绿色。彩叶观赏期 3~7 月、9~11 月，枝叶变色期可保持 2~3 个月。秋季可正常开花，花量中等，花香浓郁。形态稳定，生长较快，适应性强，主要通过扦插繁殖，适宜华东、华中、西南及华南地区栽培。与传统桂花比较，枝条和叶片具有鲜明的彩色变异，色彩变化极为丰富，从初期的粉红色新叶逐渐变为灰黄色、乳黄色，然后转变为白色，最后转为绿色。表征一致，具有较高的观赏价值。

8.'罗彩2号'（品种权号 20190176）

为彩叶桂花种子二代变异新品种，又名'脂粉'。小乔木。幼叶由暗紫色渐变为粉红色、灰黄色、黄绿色，成龄叶绿色；幼叶叶柄和嫩枝紫红色，最终变为黄绿色。枝条和叶片具有鲜明的彩色变异，色彩变化极为丰富，从初期的蓝紫红色新叶逐渐变为粉红色、橙黄色、淡黄色，然后转变为白色，最后转为绿色。彩叶观赏期为3~7月、9~11月，枝叶变色期可保持2~3个月。秋季可正常开花，花量中等，花香浓郁。形态稳定，表征一致，具有较高的观赏价值。适宜在华东、华中、西南及华南地区栽植。

9.'罗彩16号'（品种权号 20190177）

为彩叶桂花种子二代变异新品种，又名'金帝'。小乔木。幼叶橙黄色，转为金黄色、浅黄色，成龄叶最终为绿色；幼叶叶柄暗紫色，嫩枝浅紫色，最终变为黄绿色。彩叶观赏期3~7月、9~11月，彩叶观赏期达半年之久。秋季可正常开花，花量中等，花香浓郁。适宜华东、华中、西南及华南地区栽培。

10. '罗彩 17 号'（品种权号 20190178）

为彩叶桂花种子二代变异新品种，又名'金鹏'。小乔木。幼叶由水红色渐变为橙黄色、黄色，成龄叶绿色；幼叶叶柄紫红色，嫩枝浅紫色，最终变为黄绿色。彩叶观赏期 3~7 月、9~11 月。秋季可正常开花，花量中等，花香浓郁。抗逆性较强，能抗高温，适宜华东、华中、西南及华南地区栽培。

11. '罗彩 18 号'（品种权号 20190179）

为彩叶桂花种子二代变异新品种，又名'贵妃醉酒'。小乔木。幼叶由紫色渐变为红色、水红色，成龄叶绿色；幼叶叶柄和嫩枝水红色，最终变为黄绿色。彩叶观赏期 3~7 月、9~11 月。生长较快，主要通过扦插繁殖，适宜栽培区域为华东、华中、西南及华南地区，适应性强，喜光，耐半阴，对土壤要求不严格，在酸性和中性土均可生长，较耐干旱瘠薄，不耐水涝。

12. '罗彩 19 号' （品种权号 20190180）

为彩叶桂花种子二代变异新品种，又名'少女红晕'。小乔木。幼叶由紫红色渐变为粉红色，成龄叶绿色；幼叶叶柄暗紫色，嫩枝紫红色，最终变为黄绿色。彩叶观赏期3~7月、9~11月。秋季可正常开花，花量中等，花香浓郁。生长较快，主要通过扦插繁殖，适宜华东、华中、西南及华南地区栽植。

（六）新品种推广及应用

随着彩叶桂花的育成，为不断满足国土绿化、城镇园林从"绿化"向"彩化"的高质量迈进，近年来，浙江加大了对彩叶桂花新品种的培育和引进力度，以胡绍庆、赵宏波教授领衔的桂花育种团队，已培育出色彩斑斓、观赏期较长、具有自主知识产权的彩叶桂花新品种 8 个，打破以往对桂花以观花、闻香为主的传统观念，提高桂花品种观赏性，可周年"观叶、赏花、闻香"，满足人民对美好生活的向往，下面介绍这些彩叶桂的应用效果。

'罗彩'系列品种权属浙江理工大学，通过签订品种权许可协议，将品种推广销售至江苏、广西、福建等省份，在长江流域以南地区园林绿化工程中应用累计 11.5 万余株，其中'罗彩 18 号'推广应用 10 万余株，'罗彩 16 号''罗彩 17 号''罗彩 19 号'分别推广应用 3 万余株，'罗彩 2 号''罗彩 3 号'分别推广应用 1 万余株。通过新品种推广和栽培技术应用，极大地促进了产业结构调整，提升了园林绿化工程质量和品质，同时产生显著的经济效益、社会效益和生态效益。

'凝脂香''暖金香'品种权属浙江农林大学，授权以来积极与杭州园林绿化股份有限公司、金华市奔月桂花专业合作社、安吉刘家塘林场等多家单位合作。其中，与安吉刘家塘林场合作，在省级种质资源库中推广示范桂花新品种；与杭州园林绿化股份有限公司合作开展技术攻关，推广示范彩叶桂、秋桂新品种以及桂花盆花、绿化大苗高效培育技术；与金华市奔月桂花专业合作社开展合作，共同选育推广新品种；在杭州、金华、湖州建立桂花示范基地 1 处，累计推广苗木 2 万株。将该品种推广应用到江苏、福建、湖北、广西等地，助力传统花卉产业转型升级，实现联农共富。

‘金玉桂花’‘玉帘银丝’品种权属杭州市园林绿化股份有限公司，从 2018 年开始，其不仅将这些品种在青山湖花园中心进行展示，而且在余杭区径山镇美丽乡村——求是村梅秋里绿化项目中推广应用，并受到广大市民的一致好评。‘金玉桂花’向外拓展应用到长江流域以南地区园林绿化工程中，推广应用量达 3 万余株，其生态和景观效益显著。该品种先后参加了北京世园会、上海花博会新品种、新产品展览，并荣获第十届花卉博览会展品类（盆栽植物）铜奖。‘玉帘银丝’着花繁密，花丝下垂、香气浓郁，是较为珍稀的桂花品种，自推广展示后，市场反馈良好，已有 1 万株先后被引种到四川、福建、上海等地，景观和社会效益反映良好。这些品种长势健康，树形优美，叶色靓丽，花色绚烂，非常适宜国土绿化、园林工程及美丽乡村建设应用。

‘华安天香’‘胭脂红’品种权属金华市奔月桂花专业合作社，生长快，寿命长，易繁殖，花色艳丽，花期长，观赏性强，深受花木市场青睐，更是美丽浙江、园林绿化美化的优质品种，目前已扦插繁殖苗达 2 万余株，已推广到华东、华中、西南及华南地区栽植，转化应用前景广阔。

九、绣球 *Hydrangea macrophylla*

虎耳草科　Saxifragaceae
绣球属　*Hydrangea*

（一）生物学特性及应用价值

绣球又名八仙花、大叶绣球、紫阳花等，为虎耳草科绣球属植物，因其花序极似我国传统文化中的绣球，故得名绣球花。因花序硕大、色彩丰富，单花可持续 1 个月，观赏价值极高，被誉为极具发展潜力的花卉之一，国际上每 3 年举办一次"世界绣球大会"。绣球花目前已广泛应用于鲜切花栽培、园林造景和盆花栽培，深受人们喜爱，成为花卉市场的新宠。绣球是重要的观赏植物，具有盆栽、苗木、切花等多种用途，已在日本、荷兰、法国等发达国家大量应用，国内各地正如雨后春笋般的广泛应用，在园艺市场占有重要地位。

绣球属植物花期一般在 5~8 月，属内部分种对土壤的酸碱度非常敏感，土壤的酸碱度直接影响花的颜色，pH 值为 4~6 时花呈蓝色，pH 值 7.5 以上则呈现红色，如大叶绣球中的大部分品种。绣球属植物的聚伞花序排成伞状、伞房状或圆锥状，花二型，可育花较小，生于花序内侧，不育花生于花序外侧，萼片大，呈花瓣状，颜色变异丰富，有白色、粉色、蓝色、紫色、绿色和混合色等。绣球作为当前夏季最流行的观花植物，既可孤植、丛植、片植，又可作为花境或者盆栽、切花应用，因其本身具有古典文化底蕴，不但适用于现代公园景观，也可应用到中式古典园林中。

（二）种质资源及育种进展

1. 资源分布

绣球属是虎耳草科中最大的属，全球约 73 个种，原产于中国和日本，主要分布于东南亚和南、北美洲，部分可延伸到热带地区。根据其习性可分为具有落叶习性的温带种类和常绿习性的热带种类，其中温带种类分布于东亚地区，热带种类分布于中美和南美地区；亚洲的分布主要在中国、朝鲜、日本、尼泊尔、不丹、缅甸、菲律宾等国家，美洲的分布局限于北美洲东部和中、南美洲西部。

我国绣球属种质资源十分丰富，分离瓣组、挂苦子组、绣球组、星毛组和冠盖组 5 组，共有 47 种和 11 余个变种。绣球属植物在国内分布范围广，除海南、黑龙江、吉林、新疆等省份外，其余省份均有分布，主要集中在秦岭以南的华东、华中、西南、广西等地。四川省与重庆市 18 种 4 变种，湖南省 15 种 3 变种，甘肃省共 7 种 1 变种。浙江有 7 种，分别为冠盖绣球（*H. anomala*）、相枝绣球（*H. robusia*）、圆锥绣球（*H. paniculata*）、中国绣球（*H. chinensis*）、江西绣球（*H. chinensis*）、绣球和浙皖绣球（*H. zhewanensis*）。

2. 育种进展

绣球的育种方法主要以筛选野生变种、传统杂交与胚培养辅助为主，诱变育种、倍性育种为辅。英国自 1789 年 Sir Joseph Banks 从中国引入绣球，迄今为止已培育出 600 多个品种，成为欧洲地区最受欢迎的园艺和温室植物，多成片栽植于庭院、公园、风景区营造特异景观，欧洲的绣球育种研究工作世界领先，拥有着多家育种机构，如德国的 Rampp Jungpflanzen，荷兰的 Kolster、Horteve、SidacoBV 等；美国在绣球育种方面也有着突出的贡献，佐治亚大学园艺学教授 Michael A. Dirr 和贝利苗圃合作培育出的'无尽夏'系列（Endless Summer）已成为国内最为常见的栽培品种；日本有着众多的私人育种家及专业的育种公司，推出了一系列性状优良的新品种，现已培育出的 600 多个绣球属园艺品种主要归属 4 个门类，即大叶绣球、圆锥绣球、乔木绣球（*H. arborescens*，又名光滑绣球）和栎叶绣球（*H. quercifolia*）。目前国际上研究多着眼于花形育种、花色与抗性育种及分子育种。

我国虽然是绣球属种质资源分布中心，但育种工作远落后于欧洲、美国和日本，大部分野生种没有得到充分利用。目前国内生产与应用的品种多引自国外，缺少具备市场竞争力的自育品种。近年来，绣球越来越多应用于城乡园林，并走进千家万户，国内销售额逐年增长，市场上始终处于供不应求的状态，激励绣球育种工作者积极开展自主品种创新。云南省昆明杨月季园艺公司于 2000 年开始进行绣球属植物的种质资源收集、整理、评价和杂交育种，至今已经收集 50 多个种和变种，自主育成 14 个绣球新品种，其中 3 个在欧盟获得新品种授权，填补了国内绣球新品种选育的空白，提高中国绣球在国际市场的竞争力；1999 年，河北省林业科学研究院从国外引进 7 个绣球栽培品种，6 年间从中筛选出 4 个绣球品种。2018 年，国家林业局在上海林业总站设立绣球新品种测试站，并于 2020 年正式挂牌测试工作。测试站不仅测试工作有序开展，且已收集并保存绣球品种 200 多种，为我国绣球属植物育种工作取得新突破提供强有力保障。2019 年 11 月，国家林业和草原局同意成立绣球花产业国家创新联盟。2021 年 1 月，绣球花产业国家创新联盟成立大会正式召开，联盟通过联合各企业和科研单位，致力于全面推进绣球产业创新体系建设，助力实现中国绣球属植物资源在新品种、新产品和新技术上取得重大突破。截至 2023 年年底，全国绣球新品种 56 种，不断丰富绣球品种，推动种业振兴产业发展。

（三）栽培历史及浙江省品种创新

1. 栽培历史

我国绣球栽培历史源远流长，早在隋唐时期已有记录。到宋代，绣球已经是极负盛名的传统名花；在明清时期绣球广泛栽培应用于江南园林中。绣球的姿色、风韵和多彩能给人以美的享受，频繁出现在诗词、传说、小说、歌曲和绘画中，赋予其希望、健康、爱情、美满、团圆、吉祥如意等美好寓意，20 世纪初建设的公园已离不开绣球的配植，现代公园和风景区都以成片栽植，形成景观。

近年来，随着生活水平的提高和国外优良品种的不断引进，绣球越来越受到我国消费者的欢迎，其鲜切花、盆花和永生花产品已经走入千家万户，更是大量应用于各地园林景观中。绣球 2021 年年生产量达到 2100 万盆，年销售额达到 2.5 亿元，已经成为花卉行业发展最重要的助推器。因花卉产业水平和气候条件差异，我国绣球产业基本形成云南、浙江和山东三个主要产区。云南为绣球花主要原产地，气候条件优越，可实现周年生产，为主要鲜切花和盆花产区。山东拥有较为完善的花卉产业链，为重要的绣球花盆花和绿化苗木产区。

2. 品种创新

浙江虹越花卉股份有限公司从 2008 年开始引种，迄今已建成 120 亩的苗圃，并引种成功 60 多个新品种，目前仍不断与国外育种机构合作，陆续引进更多绣球新品种。2012 年将'无尽夏'绣球品种成功引入国内，2013 年作为拳头产品通过一系列宣传销售活动进行推广，并迅速占领国内市场。'无尽夏'已成为绣球之王，是当下最流行的大花绣球类品种，'无尽夏'系列共有 4 个品种，但迄今只有'无尽夏'和'无尽夏新娘'引入国内。此外，国内引进的大花绣球流行品种还包括'魔幻革命'等 30 多个，其中大部分品种均从荷兰引进。温州市协春园艺科技有限公司自 2016 年以来已收集大叶绣球、圆锥绣球、乔木绣球、粗齿绣球（*H. serrata*）等 4 种 28 个品种，同时对各品种进行适应性栽培试验，为绣球属观赏植物的生产、推广和应用奠定了坚实的基础。

针对我国绣球育种进程缓慢和野生资源利用不足，难以满足园林绿化造景的市场需求，杭州园林股份有限公司领衔的绣球育种团队加强绣球种质资源收集、筛选和评价，积极开展杂交育种和品种创新，十年磨一剑，已培育出花大色艳、花期不一、生态适应性强、观赏价值较高的优良植物新品种 40 多个，其中'梦幻星空''紫之梦''青山曙光''青山瑰丽''青山炫彩'已获授权，'落尘''落雪'和'青山居士'等种间杂交品种待实审测试中，不断丰富绣球新品种，打破国外绣球在国际市场上的垄断地位，为国土园林绿化和美丽中国建设提供自育品种。

（四）育种和栽培管理

1. 育种技术

绣球属品种培育方法主要包括人工杂交、实生选育和芽变枝选育。绣球育种方法以人工杂交为主，筛选野生变异、倍性育种为辅。①人工杂交是绣球育种最重要的方法，分为种内杂交和种间杂交。绣球的种内杂交较为容易，目前绣球品种多数都是通过杂交获得，但是无法克服种的天然缺点；通过种间杂交可以结合不同种的优点，研究表明，绣球属组内杂交较为容易，是培育种间杂交品种的可行方法。②筛选野生变异、倍性育种也可获得绣球新品种。绣球野生资源变异丰富，易出现花形、花色等多种变异，将变异枝条进行扦插繁育，固定变异，可为新品种的培育提供优良种质资源。例如，'安娜贝拉'是从野生型扁平状花序突变成球状花序的植株选育而来；在柳叶绣球（*H. stenophylla*）、马桑绣球（*H. aspera*）和蜡莲绣球（*H. strigosa*）等多个野生种都发现从扁平花序突变为球状花序的现象，是绣球育种的优良资源。此外，绣球在无性繁殖的过程中，也经常出现叶色、花色、花形等芽变，也可作为培育新品种的优良材料。

2. 栽培管理

绣球为短日照植物，喜温暖湿润半阴环境，既不耐旱、耐寒，亦忌水涝，适宜在疏松肥沃、排水良好的酸性土壤（pH值4~4.5）中生长。生长适温为18~28℃，冬季温度不低于5℃。绣球孤植、片植均可，但不能过密，部分遮阴为宜；整地时施入腐熟的有机肥、复合肥为基肥，以10月中下旬到11月下旬种植为宜；南方冬季也需防止杂草滋生，春季萌动后，剔除植株基部多余的萌蘖，花开完后剪除残花；南方春、秋、冬季雨水充足，一般不需额外浇水，夏季每天浇水一次。一年需施3次肥，分别于萌芽期、开花前和落叶后。4~7月可半个月喷药一次，预防病虫害的发生。秋季落叶后，修剪病枝、残枝、弱枝，清理残落物。

（五）新品种介绍

1. '梦幻星空'（品种权号 20220382）

为绣球属种间杂交新品种。落叶直立灌木，高0.4~0.6m。叶片薄革质，椭圆形，浅绿至中绿，叶尖长度较短，基部楔形，具稀疏浅锯齿，叶柄花青素着色中等。伞房状聚伞花序盘状，直径10~12cm，高度2~4cm，可孕花明显，不孕花1轮排列；不孕花萼片1轮，4~5枚，扇形，平展，泡状程度弱，直径2.5~3.1cm，中等重叠，上部边缘具浅缺刻，先端白色（RHS NN155D）至浅蓝色（RHS 100D），中部蓝色（RHS 101A）至紫色（RHS N88），基部白色（RHS NN155D）；可孕花花瓣蓝色（RSH 107A）。上海及杭州5月中下旬开花，花期中，可延续至6月下旬。适宜园林、庭院绿化和家庭园艺。

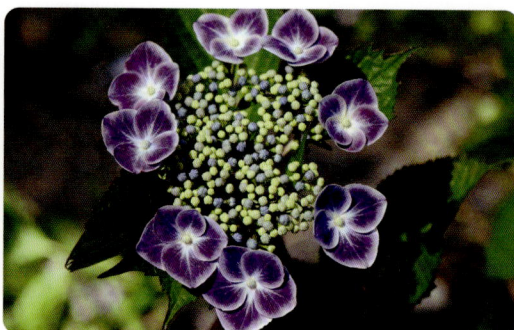

2. '紫之梦'（品种权号 20220381）

为绣球属种间杂交新品种。落叶直立灌木，高 0.5~0.8m。茎圆柱形，绿色，无毛，节间长度 5~10cm，皮孔数量中，紫红色。叶片薄革质，浅绿色至中绿色，泡状程度弱，无裂，椭圆形，长 7~13cm，宽 4~7cm，叶尖长度中等，基部楔形，具稀疏浅锯齿，叶柄花青素着色无。伞房状聚伞花序盘状，直径 8~12cm，高度 2~4cm，可孕花明显，不孕花 1 轮排列；不孕花萼片 1 轮，4~5 枚，卵形，平展，泡状程度弱，直径 2.1~2.9cm，中等重叠，边缘具浅缺刻，主色紫红色（RHS 71A），先端白色（RHS NN155D），中部蓝色（RHS N95A），基部白色（RHS NN155D）；可孕花花瓣蓝色（RSH 107A）。花期在上海及杭州 5 月中下旬至 6 月下旬。

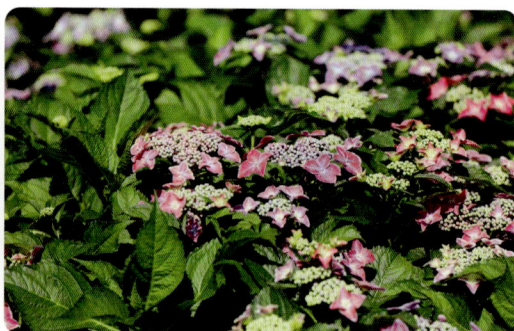

3. '青山曙光'（品种权号 20230330）

为绣球属种内杂交新品种。落叶灌木。伞房状聚伞花序扁球状，高度 4.6~5.4cm，直径 12.9~14.1cm，可孕花不明显，不孕花中等密度；不孕花萼片 1 轮，4 枚，扩卵形，直径 4.3~4.8cm，平展，泡状程度中，中等重叠，边缘部分具中等程度缺刻，萼片主色为紫红色、深紫红色至浅紫色，边缘为深红紫色，基部为黄白色；可孕花花瓣为紫红色。杭州花期 5 月上旬至 6 月下旬。适宜园林绿化和家庭园艺。

4. '青山瑰丽'（品种权号 20230331）

为绣球属种内杂交新品种。落叶灌木。伞房状聚伞花序扁球状，高度 6.3~8.1cm，直径 12.1~18.7cm，可孕花不明显，不孕花中等密度；不孕花萼片 1 轮，4 枚，扩卵形，直径 3.1~3.9cm，平展，泡状程度中，中等重叠，边缘皆有中等程度缺刻，萼片为红紫色至蓝色；可孕花花瓣为亮黄绿色。杭州花期 5 月上旬至 6 月下旬。适宜园林绿化和家庭园艺。

5. '青山炫彩'（品种权号 20230667）

为绣球属种内杂交新品种。落叶直立灌木。茎圆柱形，茎节处花青素着色中等。叶片宽卵圆形，叶尖中等长度，锯齿较深、密度中等，叶柄无花青素色着色；伞房状聚伞花序扁球状，高度 6.8~8.3cm，直径 14.5~16.7cm，可孕花不明显，不孕花密集；不孕花萼片 1 轮，4 枚，扩卵形，直径 4.5~4.9cm，平展，泡状程度强，中等重叠，边缘皆有中等程度缺刻，未添加调蓝剂时萼片主色为深紫粉色（RHS 73A），添加调蓝剂时萼片主色为紫罗兰色（RHS 94A），萼片基部为黄白色（RHS NN155A）；可孕花花瓣为深紫粉色（RHS 68A）至亮紫蓝色（RHS 94C）。杭州花期 5 月上旬至 6 月下旬。适宜园林绿化和家庭园艺。

第三章　经济林植物新品种

一、茶树 *Camellia sinensis*

山茶科　Theaceae
山茶属　*Camellia*

（一）生物学特性及应用价值

茶树是山茶科山茶属植物，喜温耐阴，常绿灌木或小乔木，原产于我国西南地区，分布于我国秦岭以南的广大山区。云南、贵州、广西等地的野生茶树为高数十米、粗数人合抱的高大乔木，江南地区则是稍高于人的小乔木或灌木。自西汉以来，我国开始将茶作为饮料作物加以利用，茶已成为深植于中华民族传统文明的"国粹"，也是当今世界三大无酒精饮料之首，有助消化、提神、强心、利尿、止泻等功效。进入21世纪以来，茶产业进入黄金发展时代，科技创新拓展了茶在食料、油料、深加工原料、园林绿化等领域的应用，近年来更被赋予共同富裕、乡村振兴的多重使命。

茶树常绿，花白蕊香，喜温耐阴，形态可塑性强，耐剪性好。但由于其饮料价值突出，栽培面广，又因追求产能而倾向于绿叶树种，以至于它的生态价值被长期湮没。近年来，在茶树价值得到深入挖掘的同时，彩色茶树新品种育成也取得突破，白色、黄色、紫（红）色、橙色、复色等叶色丰富、品质优异、特色明显的茶树新品种越来越多，这不仅有力地提升了茶产业发展的基础能力，也大大拓展了茶树的应用空间，在我国南方山区促进共同富裕、生态绿化美化、乡村振兴中发挥出越来越重要的作用。

（二）种质资源及育种进展

1. 资源分布

茶树栽培区域遍布热带、亚热带气候区的60余个国家和地区。我国西南地区是茶树原产地，是世界茶的起源中心和传播中心，现在世界各地栽培的茶树均直接或间接源于我国。许多国家从我国引栽茶树后，在大力扩大种植规模的同时，陆续开展了种质资源收集、保存与育种。

我国幅员辽阔，地理复杂，生态多样，拥有丰富的茶树种质资源。我国西南茶区和华南茶区，是乔木型、小乔木型茶树的主要分布区域，江南茶区和江北茶区是灌木型茶树的分布区域，各宜茶省份又有着植株表型、生态类型、地理类型、生化类型等差异的区域性种群。20 世纪 80~90 年代，我国先后组织了 5 次大规模的茶树种质资源区域性考察，并于 1990 年在中国农业科学院茶叶研究所和云南省农业科学院茶叶研究所建立了国家种质杭州茶树圃和国家种质勐海茶树分圃，现收集保存国内 19 个省份、8 个国家的茶组植物种质资源共 3000 多份，其中野生资源约占 10%、地方品种 60%、选育品种和育种材料 30%，是目前世界上保存茶树资源类型最多、遗传多样性水平最丰富的茶树种质资源平台。2022 年农业农村部公布的《国家级农作物种质资源库（圃）名单（第一批）》中，有国家茶树种质资源圃（杭州）、国家大叶茶树种质资源圃（勐海）和国家中小叶茶树种质资源圃（长沙）等 3 个资源圃入选。

2. 育种进展

日本早在唐朝时就从浙江引入茶籽播种，是世界栽培茶树较早的国家。日本现有近 4000 份茶树种质资源，育成了 159 个登记和品种权保护的优良品种，主要品种有'薮北''丰绿''朝露''金谷绿'等；通过山茶属种间远缘杂交，获得了茶 × 红山茶（*C. japonica*）的杂种后代，其具有较强的抗冻、抗炭疽病能力。

印度于 18 世纪后期从我国引入茶树栽培。目前，印度茶叶协会等机构保存了 3500 份种质，选育出约 80 个无性系品种、双无性系种子原种，按经济性状分为标准型、产量型、质量型等三个类型。

印度尼西亚、孟加拉国、越南、肯尼亚等也有上百至数百份种质不等，其中肯尼亚茶叶研究所育成'TRFK306'等高花青素紫红色品种，并实现了大面积栽培。

20 世纪 60 年起，我国广泛开展了茶树育种，育成了大批高产优质的无性系品种。近 20 年来，我国各地方政府、研究机构及部分企业，对茶树资源开发和利用的力度持续加大，纷纷建立茶树种质资源圃，并积极开展古茶树、野生茶树、地方品种等珍稀资源的调查收集和种质创新，茶树育种取得前所未有的进展，种质创新方向从过去注重产量型、绿色品种的选育转向到质量型、特异性品种的创新，特别是叶色、形态、成分、功用等特异品种选育取得跨越式进步，提升了茶树的资源价值和应用活力。根据最新《中华人民共和国种子法》要求，茶树品种在推广前需要进行非主要农作物品种登记，截至 2024 年 4 月 30 日，有 298 个茶树新品种获得了非主要农作物品种登记；186 个茶树新品种获得植物新品种授权，其中农业农村部 158 个，国家林业和草原局 28 个。

（三）栽培历史及品种创新

1. 栽培历史

浙江省茶树栽培历史悠久，文献记载多不胜数，茶史遗迹广泛分布，茶不仅是珍贵的饮料植物，也是重要的景观载体和人文载体。例如，唐陆羽《茶经》详细记载的余姚道士山瀑布岭上的大茶树、初建于861年的景宁惠明寺的白玉仙茶、源于清乾隆时期的西湖龙井"十八个御茶"等。世界绿茶看中国，中国绿茶看浙江，浙江省在茶产业、茶文化、茶科技等"三茶统筹"发展上一直领航全国。2023年，全省作为饮料作物的茶园栽植面积约313万亩，其中大部分兼绿化和旅游、休闲、康养等生态文明功能，在茶树种质资源保护和创新方面做了大量基础工作，是国内茶树种质创新最有成效的省份。

2. 品种创新

进入21世纪以来，茶产业进入黄金发展时代，科技创新拓展了茶在食料、油料、深加工原料、园林绿化等领域的应用价值潜能，并被赋予共同富裕、乡村振兴的多重使命。因此，浙江茶树种质创新主要着眼于冲破历史以来茶作为饮料植物栽培目标的清一色绿叶品种格局，重塑茶树的生态功能，实现茶树资源由饮料作物向多领域应用的转变。第一个白化茶树品种'白叶1号'（原名'安吉白茶'）于1998年通过浙江省农作物品种审定委员会认定，认定编号：（1998）浙农品认字第235号；2008年，第一个黄化茶树品种'黄金芽'通过了浙江省林木良种委员会认定，这标志着浙江特色茶树种质创新的方向发生了变化。截至2024年4月30日，以浙江省为第一申请单位通过登记的茶树品种91个；获得茶树新品种授权117个，其中彩色茶树品种授权50件，占全国授权量的（186件）63%和（72件）69%，均为全国第一。中国农业科学院茶叶研究所作为第一完成单位分别有53个茶树登记品种和54个授权品种，均排名全国第一。宁波黄金韵茶业科技有限公司彩色茶树品种授权25件。

宁波市林特科技推广中心联合宁波黄金韵茶业科技有限公司、浙江大学茶叶研究所等单位组成的宁波彩色茶树创新研究团队，多年来持之以恒地攻坚克难，开展彩色茶树种质收集、创新与利用研究，运用色彩学基本原理与遗传育种技术相结合，探索出一套彩色茶树种质定向创新方法。创制出紫黑色、紫色、红色、橙色、黄色、白色、绿色、复色等叶色的系列化茶树种质850份，育成了25个自主知识产权的植物新品种，占全国彩色茶树新品种的33%和全省的50%。其中，黄色茶10个（'御金香''黄金甲''黄金蝉''黄金米''醉金红''四季金韵''乌御金茗''御金芽''采金毫''采金玉'），复色5个（'黄金斑''金玉缘''金玉满堂''五彩中华''采金雪'），红色3个（'虞舜红''红韵1号''红韵2号'），白色3个（'瑞雪1号''瑞雪2号''曙雪'），紫黑2个（'千秋墨''四明紫墨'），紫色、橙色各1个依次为'四明紫霞''金川红妃'。这些新品种的选育与应用，实现了茶树品种由清一色绿化时代向系列化彩色时代的跨越，开创了茶树种质彩色化时代。

（四）育种和栽培管理

茶树是高度杂合的物种，我国野生茶树资源丰富，选择和利用不同地理、生态、表型的种群优秀个体，通过自然杂交、人工杂交、芽变和诱变等方式均可获得植物新品种，但茶树的定向育种却有着不易把握的难点，而依据色彩学原理与遗传学相结合，是创新彩色茶树种质的有效方法。

茶树是亚热带植物，喜温耐阴，喜酸忌碱，喜肥厌瘠，耐寒的极端低温为 −16~−10℃，适宜在 pH 值 4~6.5 的土壤环境中生长。不同地理型、生态型的茶树有着不同的适应性，大叶种茶树不适应在北亚热带区域生育，低温敏感型白化茶多数不适应在连年积温大于 5500℃的区域生长，而高度黄化茶树在光照强度大于 6 万 Lux、气温高于 25℃时应注意日光灼伤的防护。茶树是新梢生长轮次明显、耐修剪的物种，在采摘茶园模式下，浙江地区可年采茶叶 5~6 轮，而绿化景观模式下，年修剪频度一般不超过 4 次，这样才能保持树冠发育与景观美化的平衡。

（五）新品种介绍

1. '御金香'（品种权号 20130038）

来源于自然白化变异株。光照敏感型黄色系白化茶，春、秋梢呈黄色或金黄色，黄化期长达 6~9 个月。灌木型，树姿直立，树体高大，树势强盛，抗逆能力强，10 年生茶树可达 5m 左右。中叶、中生种，中椭圆形叶，芽型粗壮，春茶 1 芽 1 叶开采期为 4 月上中旬，产量高。花期 10 月中旬至 12 月末，花色白瓣黄蕊，开花、结实能力良好，又容易调控。具有多茶类适制、多领域应用和多气候适种的优势。采制的绿茶、红茶、黄茶、白茶、青茶均具优异品质，氨基酸含量最高达 8.5%，同时具备茶花、茶籽优质高产性能，是园林绿化应用中黄色系色块的理想选择。

2.'醉金红'（品种权号 20140085）

为从黄金芽茶树实生苗中选育的新品种。光照敏感型黄色系白化茶。灌木型，树姿直立，树体高大，春梢前期（气温较低时）呈黄芽黄叶，后期和夏秋梢多呈红芽黄叶。成龄叶色均呈金黄色或黄色，小叶种，长椭圆形叶，叶脉 9~11 对，叶表隆起明显；晚生种，芽型中等，春茶 1 芽 1 叶开采期为 4 月上旬。花期 10 月下旬至 12 月末，开花能力中等、结实少。树势强盛，新梢萌展能力强，抗阳光灼伤能力较强，适宜全国宜茶区域作茶栽培和酸、中性土壤的低层景观、色块园林绿化。

3.'黄金甲'（品种权号 20140086）

为从黄金芽茶树实生苗中选育的新品种。光照敏感型黄色系白化茶，三季新梢和成龄叶均能表现金黄色或黄色白化特征，成熟后黄色程度稍浅于'黄金芽'。灌木型，树姿直立，树体高大，树势强盛，新梢萌展能力、伸展能力强。中叶种，椭圆形叶；早生种，芽型秀长，春茶 1 芽 1 叶开采期为 3 月中下旬。花期 10 月中旬至 12 月末，花色瓣白蕊黄，花朵大，直径大于 4.5cm，开花能力中等、结实少。黄色茶树品种中难得的早生品种，氨基酸含量高，黄色典型，是当前黄色茶早生种的优秀品种，深受种植者喜爱。

4.'黄金毫'（品种权号 20150075）

为从黄金芽茶树实生苗中选育的新品种。光照敏感型黄色系白化茶，三季新梢均呈黄色白化，成龄叶也呈黄色特征。灌木型，树姿直立，树势强，新梢萌展能力强。小叶种，长椭圆形叶，幼叶叶面平、基部钝、前端尖；成龄叶质硬、叶缘波折明显，纵向背卷，叶姿下垂；新梢芽体长而粗壮、茸毛密集；晚生种，春茶 1 芽 1 叶开采期为 4 月上、中旬。花期 10 月中旬至 12 月末，花色瓣白蕊黄，开花中等、结实少。适宜全国宜茶区域作茶栽培和酸、中性土壤的低层景观、色块园林绿化。

5.'瑞雪 1 号'（品种权号 20140084）

为从白化茶品种四明雪芽茶树实生后代中选育的新品种。低温敏感型白色系白化茶，春梢新梢呈雪白色白化，白化表达出色、稳定，持续到 6 月中旬才完全返绿。灌木型，树姿直立，树势健旺。小叶种，椭圆形叶，叶质厚重、内折，叶缘平，越冬叶色墨绿，蜡质明显；早生种，春茶 1 芽 1 叶开采期为 3 月下旬。花期 10 月中旬至 12 月末。白化性状表达出色，白化嫩梢制成的茶品十分优秀，氨基酸含量高达 9.4%，是一般绿茶的 2 倍以上，同时抗寒性突出，适宜全国宜茶区域酸中性土壤的白绿色块的低层绿化与景观应用。

6. '瑞雪 2 号'（品种权号 20150074）

为从白化茶品种四明雪芽茶树实生后代中选育的新品种。低温敏感型白色系白化茶。灌木型，树姿半开展，树势健壮；春梢芽、叶、茎均能白色白化，最白时色泽呈雪白色；新梢形成驻芽，夏、秋梢芽色稍红。中叶种，中椭圆形叶，叶缘波折弱，成叶叶色绿，叶长、宽为 8.6~9.4cm、3.6~4.1cm；中生偏早，春茶 1 芽 1 叶开采期为 3 月下旬 4 月初。花期 10 月中旬至 12 月末，开花、结实少，花色瓣白蕊黄。具有良好的白化表达、品质特性和适栽能力，经验证，该品种有望成为白叶系的主栽品种获得推广应用。

7. '千秋墨'（品种权号 20200120）

为杂交选育品种。紫黑色系紫化茶，三季新梢均紫黑色，夏秋梢紫黑色深度大于春梢，新梢成熟后渐渐转绿，呈色期长达半年。灌木型，树姿直立，树势强，新梢萌展能力强，抗逆性好；枝较紧密。小叶种，长椭圆形叶，叶面稍隆起；早生种，芽型中等，春茶 1 芽 1 叶开采期为 3 月底。花期 10 月中旬至 12 月末，分裂位置中，雌蕊高。采用绿茶、白茶、黄茶等工艺采制的'千秋墨'茶品完全颠覆了常规绿色品种的固有风格，有着典型的花青素茶特征，同时也是非常适合绿化色块和园林景观使用的品种。

8. '虞舜红'（品种权号 20200123）

为杂交选育品种。红色系紫化茶，三季春、夏、秋的新梢均深红色，春梢叶色深红带紫，秋梢叶色深红靓丽，新梢成熟后渐渐转绿，呈色期长达半年。灌木型，树姿半开展，枝梢软，分枝较紧密，树势中等偏强，新梢萌展能力强。小叶种，长椭圆形叶，叶面隆起，叶缘波折；早生种，新梢芽体细长，春茶 1 芽 1 叶开采期为 3 月下旬。花期 10 月中旬至 12 月末。叶色深红艳丽，生态适应性强，抗逆性好，采用绿茶、白茶、黄茶等工艺采制的茶品不同于常规品种的品质风格，表现出高花青素的品质特征，是十分适合园林绿化应用的珍稀红叶树种。

9. '金玉满堂'（品种权号 20150073）

为自然芽变选育而来的新品种。生态不敏型复色系白化茶。灌木型，树姿开展，树势中等。小叶种，倒卵形叶，叶面平，叶缘无波折；新梢芽体小茸毫稀，晚生种，春茶 1 芽 1 叶开采期为 4 月上、中旬。花期 10 月中旬至 12 月末。叶色随着新梢萌展并趋于成熟，逐渐表现出黄白色、绿色等组成的复色，夏秋成龄叶的复色比春茶更为明显，异常美丽；成熟后白化部分的叶色不再返绿，因此该品种具有全年呈色的特性，非常适合低层色块、花景、盆栽等园林绿化应用。

10.'五彩中华'（品种权号 20200124）

为杂交选育品种。白化紫化复合型多彩茶树品种，叶色彩化茶种，叶色随新梢萌展变化丰富。灌木型，树姿直立，树势中等，新梢萌展能力强，分枝密度中等。小叶种，长椭圆形叶，叶长、宽为 7.1~7.8cm、2.8~3.0cm，叶面平，叶缘波折弱；早生种，芽型中等，春茶 1 芽 1 叶开采期为 3 月底。花期 10 月中旬至 12 月末，分裂位置中，雌蕊高，开花、结实能力中等。

（六）新品种推广及应用

自 2008 年浙江省林木良种'黄金芽'育成以来，茶树在园林绿化和茶业振兴应用上打开了新局面。"好看又赚钱"，彩色茶树在茶主题公园、休闲旅游茶园、山区城乡景观绿化、美丽乡村等方面的需求，获得越来越多人的青睐，黄金芽''御金香'主导的黄色茶产业化成为产业振兴和山地美化最靓丽的风景线。

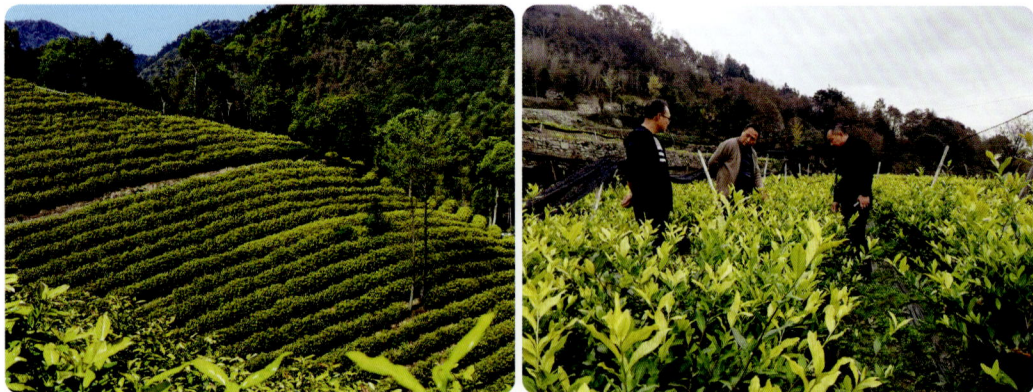

2008 年，以'黄金芽''千年雪'育成为主要研究内容的"白化茶种质资源系统研究与新品种产业化开发"项目获得浙江省科学技术三等奖；2009 年，'黄金芽'在第七届中国花卉博览会获得铜奖；2020 年，以'黄金甲''瑞雪 1 号'为主要研究内容的

"白化茶早生高氨新品种育成与产业化关键技术"项目获宁波市科学技术二等奖；2021年，"彩色茶树种质创新与应用"项目获得浙江省科技兴林二等奖。

　　自'御金香''黄金甲''醉金红''金玉满堂''五彩中华''千秋墨''瑞雪1号''瑞雪2号''虞舜红'等新品种获得新品种权以来，育种人先后在浙江省和江苏溧阳、湖北远安、江西樟树等多地建立示范基地，在宁波植物园、浙江大学、昆明植物园等科研科普机构开展教学和应用示范，从而使这些新品种推向全国宜茶区域的茶叶栽培和园林绿化，至今累计推广面积已超过30万亩，年产值40亿元，尤其是黄色茶'御金香'，成为'黄金芽'后全国推广规模最大的黄色茶树品种，也成为全国最著名的黄色茶主栽品种和园林绿化茶树的优选树种，在农民致富、乡村振兴、提升城市景观和推进植物资源深度开发等方面发挥了良好作用。

二、香榧 *Torreya grandis* 'Merrillii'

红豆杉科　Taxaceae
榧树属　*Torreya*

（一）生物学特性及应用价值

香榧是红豆杉科榧树属榧树（*T. grandis*）中优良栽培类型的统称，为第三纪孑遗植物，属国家二级保护野生植物，是集果用、材用、药用、油用、绿化观赏为一体多用途优良树种。

香榧四季常绿，树形优美，树冠浓密，保持水土、涵养水源等生态功能良好，且幼树耐阴，成年树需光性不强，造林时可以不破坏植被，适宜混交造林和立体经营，既是重要的生态经济树种，也是重要的观赏树种。

香榧为高大乔木，经济寿命长达数百年以至千年以上，因此种植香榧一旦投产，可长期获益。香榧种子发育时间长，开花期4月，成熟期翌年9~10月，从开花授粉到种子成熟需跨2个年度，历经17个月，每年的5~9月同时有两代种子在树上生长。香榧早期生长较为缓慢，开始结实时间较迟，2年生实生小苗嫁接，一般4~5年开始结实，15年达盛产期。8~10cm大砧嫁接，一般3~4年开始结实，10~12年进入盛产期。香榧种植产量高，收益好，盛产期大树一般株产榧蒲50~150kg，最高可达400~500kg，连片种植平均亩产可达400~1000kg。

香榧是高产优质的木本油料树种，其种仁含油量高，油脂含量在55%左右，其中不饱和脂肪酸达80%以上，特别是人体必需脂肪酸亚油酸的含量更是高达45%，每公顷产油量可达500~600kg。香榧种仁营养丰富，保健功能高。按《本草纲目》等古籍医书记载，有止咳、润肺、消痔、驱蛔虫等功效。现代分析证明，其营养组成中有油脂、蛋白质、氨基酸、维生素、糖、淀粉等，且富含19种矿物元素，其中钾含量高达0.70%~1.13%，是各种干果中含量最高的，多食香榧补充钾，有利于维持心脏机能，减少中风。香榧还含多种维生素，其中VD_3、VE、烟酸、叶酸含量丰富。香榧的蛋白质含量在13%左右，内有17种氨基酸，其中7种为人体必需氨基酸。香榧假种皮中富含芳香油脂，有20多种芳香成分，香精提取率超2.5%。香榧的枝叶中含有榧树属植物特有的抗病毒活性成分榧黄素及抗癌活性成分紫杉醇。

（二）种质资源及育种进展

1. 资源分布

全世界榧树属有 8 种 2 变种，分布于北美洲及中国、日本。其中北美有 2 种，佛罗里达榧（ *T. taxifolia* ）与加州榧（ *T. cnfifornica* ），分布于佛罗里达州西北部、佐治亚州东南部、加利福尼亚州中部及内华达州西北部。日本有 1 种：日本榧（ *T. nucifera* ），又名油榧，分布于日本本州、九州屋、九岛和对马岛。朝鲜半岛南端的所安群岛有零星分布。

榧树属中国有 5 种 2 变种：云南榧（ *T. fargesii* var. *yunnanensis* ），仅分布于云南西北部及缅甸北部；长叶榧（ *T. jackii* ），分布于浙江南部、福建北部及江西东部；巴山榧（ *T. fargesi* ）分布于秦巴山区向西南至宝兴、峨眉一带；九龙山榧（ *T. grandis* var. *jiulongshanensi* ）特产于遂昌县九龙山；榧树（ *T. grandis* ）产于浙江、江西、福建、贵州、江苏、安徽、湖南，以浙江、安徽两省最多；另有四川榧（ *T. parvifolia* ）、大盘山榧（ *T. dapanshanica* ）为近年报道的新种。榧树属中种子可以食用的仅榧树和油榧 2 种，而品质优良可作为干果人工栽培的统称为香榧。

浙江有榧树属植物 4 种 1 变种，分别为榧树、长叶榧、巴山榧、大盘山榧及九龙山榧，多生长于海拔 800m 以下低山谷地混交林。目前，榧树大部分呈野生或半野生状态，主要分布于浙江省的会稽山区和天目山区，野生大树 80% 以上保留在杭州市的临安、淳安、建德、富阳等地的天目山区，其中临安区胸径 5cm 以上榧树有 40 余万株。长叶榧分布于桐庐、富阳、仙居等地。巴山榧产于安吉、临安、衢州。大盘山榧产于磐安，生于海拔 550m 左右的沟谷林种，九龙山榧分布于遂昌、松阳、仙居等地，这两种为浙江特有种。

2. 育种进展

人们历来重视榧树属资源的开发利用，针对榧树、长叶榧、云南榧、巴山榧等开展了广泛的资源收集、评价和相关育种工作，从生产栽培、种仁含油率、加工品质、早实丰产等指标综合考量，榧树（ *T. grandis* ）是长期以来香榧育种的核心资源，其余种多处于野生状态，栽培驯化极少。

香榧在栽培利用历史过程中，民间按照种核性状，将其细分为如'细榧''丁香榧''花生榧''芝麻榧''茄榧''獠牙榧''朱岩榧''圆榧'等栽培类型，原主产区浙江省诸暨市、磐安县等 5 县（市、区），嫁接繁殖并大量利用的实际是'细榧'地方品种。随着香榧产业南扩西进发展的需求，香榧育种逐步向早实丰产、高含油率、籽形特异的无性系化方向发展。2001 年诸暨市林业科学研究所从诸暨市原地方品种中选育了'细榧'省级审定品种，并于 2010 年通过国家级良种审定。2005 年浙江农林大学根据品质性状，从磐安、诸暨、嵊州等栽培群体中选育了'大长榧''象牙榧''珍珠榧'等省级认定良种。2007 年东阳市香榧研究所结合类型选种（小叶种、大叶种）、特殊性状选种，选育了'东榧1号''东榧3号''龙凤细榧'等7个认定品种，其中'东榧3号''东榧1号''龙凤细榧'分别于2014年和2016年通过了省级审定。其后陆续有'东白珠''脆仁榧''细珍珠''立勤细榧''美林细榧''早缘榧''嵊珠''小籽象牙榧'等省级审认定良种育成。截至2023年，国内外榧树属审（认）定品种（良种）达19个，其中榧树良种18个，巴山榧良种1个。'巴山榧3号'也是首次选育的适砧木良种。

2016年，国家林业局（现为国家林业和草原局）开始重视香榧植物新品种培育工作，启动了《植物新品种特异性、一致性、稳定性测试指南 榧树属》编制工作，遵循特异性、稳定性、一致性原则，2018年开始在浙江磐安、嵊州、东阳、安徽舒城等地陆续审定了14个香榧植物新品种，其中'椋榧'是首个审定的香榧雄株新品种。随着榧树雄株新品种出现、适配砧木新品种成功选育、一批具有特异性状新品种培育成功，香榧育种逐步迈向良种品种化和品种良种化时代。

（三）栽培历史及浙江省品种创新

1. 栽培历史

香榧原产浙江，是浙江最具特色的山地经济树种。其干果风味香酥可口，余味甘甜，南宋诗人何坦《蜂儿榧》诗赞曰："味甘宣郡蜂雏蜜，韵胜雍城骆乳酥。"香榧分布于我国长江以南、南岭以北的山区及西南山区，包括江苏南部、浙江、安徽南部、江西、福建西北部及湖南新宁等地，生于海拔1000m以下。浙江会稽山区为集中产地，福建西北的崇安三巷以北到桐木关一带为习见树木，湖南新宁潮水庵也有栽培。

2. 品种创新

进入21世纪以来，在各级政府和林业行业部门的高度重视下，实施香榧"南扩西进"，全省香榧种质资源收集、良种培育和栽培技术取得突破性进展，香榧产业也得到了快速发展，目前全省栽培面积达90余万亩，产量常年约1万t，面积和产量分别占全国总面积、总产量的70%和90%。浙江香榧种质创新主要着眼于冲破栽培品种单一的格局，香榧是异花授粉树种，种内性状变异很大，从野生榧中选种潜力很大，如浙江各地的'象牙榧''米榧'等，都是优良的变异类型。通过香榧品种内优株的再选择和野生榧的变异类型优株选择，打破了目前单一品种打天下的局面。

磐安县林业科技推广站联合浙江农林大学、浙江省林业科学研究院等单位组成的省香榧育种创新团队，多年来持之以恒地攻坚克难，开展香榧种质资源收集、创新与利用研究，强化科技攻关与品种创新，收集香榧种质850份，育成了13个具自主知识产权的香榧新品种，分别为'磐安长榧''玉山鱼榧''磐大榧''玉山果榧''磐月榧''磐东榧''磐早榧''磐甜榧''磐匀榧''磐卷榧''美人指''早珍珠''竹叶榧'，占全国新品种的95%以上。重塑香榧的生态功能，实现香榧良种化向品种良种化的跨越。

（四）育种和栽培管理

1. 育种技术

我国野生榧树资源丰富，香榧在长期的系统发育过程中，受异花授粉、人工栽培、生态环境等影响，变异很大，而且产生不少变异类型，如'细榧''园榧'等类型。选择和利用不同地理、生态、表型的种群优秀个体，通过自然杂交、芽变、诱变和人工杂交等方式均可获得植物新品种，现阶段新品种育种以实生群体选育为主。

2. 栽培管理

采用嫁接繁殖。嫁接时间一般在春季 2 月下旬至 3 月下旬，方法有切接、劈接挖骨皮接等，也可在秋季嫁接，采用贴枝接，接后不断砧，翌年春成活萌芽后再断砧。适宜海拔 200~800m，要求土壤深厚、肥沃、湿润、通气性好、微酸性到中性，忌在低海拔强光照结合区及黏性重排水不良区种植。要求块状或带状整地，定植穴 80cm×80cm×60cm，施足基肥，每穴施栏肥 15~25kg。栽植时建议选用"2+2"以上的嫁接苗，或先定植实生苗，成活后过 2~3 年再嫁接，推荐种植密度 4m×5m，即 32 株/亩，造林时浅栽，踏实，上覆松土，并在园地的上风口配植 5% 的雄株。裸地造林后头 3 年，特别是在海拔 300m 以下的低丘，每年高温干旱来临前必须对林地内幼苗覆盖遮阳网遮阴（透光度 50%~75%）；做好幼树树盘管理，雨季后刈割杂草覆盖于根际部，每年 9 月中下旬结合开沟施用有机肥逐年扩穴，以达到改土和促根的双重作用；前期做好鼠害与螨虫的防治，进入结果期后，注意根腐病、茎腐病、细菌性褐腐病、白蚁、螨虫、介壳虫等病虫害的防治。

（五）新品种介绍

1. '磐安长榧'（品种权号 20180143）

为从磐安县栽培香榧古树中选育的新品种，2 倍体。乔木。叶较长，种实细长，倒卵形，成熟期在 9 月上旬。种实中大，平均单个鲜质量 6.8g，纵径 3.62cm，横径 1.73cm，种形指数 2.1，假种皮厚 0.33cm，鲜出核率 37.13%；种核细长，倒卵形，2 榧眼，平均单个鲜质量 2.5g，干质量 1.6g，纵径 3.45cm，横径 1.18cm，核形指数 2.95，壳厚 0.08cm，干出仁率 69.08%；种仁平均单个干质量 1.1g，脂肪含量 54.4%，可溶性糖含量 2.87%，蛋白质含量 14.0%。榧子壳薄，炒制后脱衣方便，种仁松脆，香味浓，商品性能优。生长快，结实早，抗逆性强，较丰产，盛果期大树单株榧蒲产量 100kg 以上。

2.'磐东榧'（品种权号 20220510）

为从磐安县榧树实生古树中选育的新品种，属多倍体。母株特别高大。乔木。叶较长。种实特大，长椭圆形，种核 2 个榧眼，成熟期与当前主栽品种'细榧'基本一致，为 9 月上中旬。种实结实性状以单生为主，平均单个鲜质量 17.4g，纵径 4.26cm，横径 2.53cm，种形指数 1.69，假种皮厚 0.57cm，鲜出核率 27.91%。种核特大，长椭圆形，一端尖，平均单个鲜质量 4.8g，干质量 3.3g，纵径 3.83cm，横径 1.49cm，核形指数 2.58，壳厚 0.12cm，干出仁率 54.07%。种仁平均单个干质量 1.8g，脂肪含量 52.7%，可溶性糖含量 1.29%，蛋白质含量 11.8%。炒制后脱衣方便，种仁松脆，香味浓，品质优。生长快，结实早，抗逆性强，丰产性中等，盛果期大树单株榧蒲产量 100kg 以上。

3.'磐大榧'（品种权号 20200364）

为从磐安县榧树实生古树中选育的新品种，属多倍体。母株特别高大。乔木。叶较长。种实特大，长椭圆形，种核多个榧眼，晚熟，成熟期 9 月下旬。种实平均单个鲜质量 20.1g，纵径 4.22cm，横径 2.82cm，种形指数 1.50，假种皮厚 0.51cm，鲜出核率 31.31%；种核特大，长椭圆形，一端尖，表面有 2~5 个榧眼，其中 3~5 个榧眼的多眼种核比率占 34.4%，平均单个鲜质量 6.3g，干质量 3.9g，纵径 3.79cm，横径 1.77cm，核形指数 2.14，壳厚 0.12cm，干出仁率 67.03%；种仁平均单个干质量 2.6g，脂肪含量 48.6%，可溶性糖含量 2.50%，蛋白质含量 12.3%。炒制后脱衣方便，口感稍硬，品质优良。生长快，结实早，抗逆性强，丰产性好，盛果期大树单株榧蒲产量 200kg 以上。

4. '玉山果榧'（品种权号 20200372）

为从磐安县榧树实生古树中选育的新品种，属多倍体。母株特别高大。乔木。叶较长。种实特大，长椭圆形，种核多个榧眼，中熟，成熟期与当前主栽品种细榧一致，为 9 月上中旬。种实结实性状簇生较多，平均单个鲜质量 17.6g，纵径 4.10cm，横径 2.66cm，种形指数 1.56，假种皮厚 0.5cm，鲜出核率 31.4%；种核特大，长椭圆形，一端尖，表面有 2~5 个榧眼，其中 3~5 个榧眼的多眼种核比率占 41.9%，平均单个鲜质量 5.5g，干质量 3.5g，纵径 3.67cm，横径 1.72cm，核形指数 2.14，壳厚 0.12cm，干出仁率 59.66%；种仁平均单个干质量 2.1g，脂肪含量 48.1%，可溶性糖含量 1.83%，蛋白质含量 12.1%。炒制后脱衣方便，口感稍硬，品质优良。生长快，结实早，抗逆性强，丰产性好，盛果期大树单株榧蒲产量 250kg 以上。

5. '磐甜榧'（品种权号 20210557）

为从磐安县榧树实生古树中选育的新品种，2 倍体。乔木。叶较短。种实较小，近圆球形，种核表面棱纹明显隆起，迟熟，9 月下旬成熟。种实平均单个鲜质量 6.7g，纵径 2.76cm，横径 2.02cm，种形指数 1.37，假种皮厚 0.25cm，鲜出核率 40.24%；种核较小，卵球形，表面 2 个榧眼，平均单个鲜质量 2.7g，干质量 1.7g，纵径 2.53cm，横径 1.40cm，核形指数 1.81，壳厚 0.08cm，干出仁率 67.48%；种仁平均单个干质量 1.1g，脂肪含量 50.7%，可溶性糖含量 6.43%，蛋白质含量 13.1%。炒制后脱衣方便，风味又香又甜，甜味浓，品质佳。生长快，结实早，抗逆性强，丰产性较好，盛果期大树单株榧蒲产量 100kg 以上。

6. '磐早榧'（品种权号 20220514）

为从磐安县栽培香榧古树中选育的新品种，2022 年 12 月获国家林业和草原局植物新品种授权，2 倍体。乔木。叶中长。种实较小，早熟，一般年份成熟期在 8 月下旬，比'细榧'早 10~15 天，种仁含油率高，品质优。种实卵球形，平均单个鲜质量 7.4g，纵径 3.21cm，横径 1.95cm，种形指数 1.65，假种皮厚 0.33cm，鲜出核率 35.13%，干出核率 65.77%。种核卵球形，表面 2 个榧眼，平均单个鲜质量 2.6g，干质量 1.8g，纵径 3.04cm，横径 1.27cm，核形指数 2.40，壳厚 0.09cm，干出仁率 63.57%。种仁卵球形，平均单个干质量 1.1g，含油率 57.3%，蛋白质含量 10.5%，可溶性糖含量 2.48%。炒制后脱衣方便，种仁松脆，品质优。生长快，结实早，抗逆性强，较丰产，盛产期大树单株产量 50~100kg 榧蒲。

7. '磐匀榧'（品种权号 20220509）

为从磐安县栽培香榧古树中选育的新品种。乔木。种实、种核形状为柱状椭圆形、横径较小，而'细榧'为卵球形、横径较大；假种皮比'细榧'薄；种形指数、核形指数均比'细榧'大。种实中大，柱状椭圆形，平均单个鲜质量 7.2g，纵径 3.27cm，横径 1.90cm，种形指数 1.71，假种皮厚 0.35cm，鲜出核率 32.60%，干出核率 65.35%。种核中大，表面榧眼 2 个，平均单个鲜质量 2.3g，干质量 1.5g，纵径 3.02cm，横径 1.20cm，核形指数 2.53，壳厚 0.08cm，干出仁率 65.40%。种仁平均单个干质量 1.0g，脂肪含量 52.3%，蛋白质含量 11.8%，可溶性糖含量 2.45%。开花期 4 月中旬，成熟期翌年 9 月上中旬，与'细榧'一致。炒制后脱衣方便，种仁松脆，品质优，盛产期大树单株产量 100kg 榧蒲以上。

8. '磐卷榧'（品种权号 20230564）

为从磐安县栽培香榧古树中选育的新品种。乔木。生长枝叶明显较卷曲，而'细榧'叶通常为平直；枝条上隐芽极易萌发，枝条密生，而'细榧'枝条一般较稀疏。种实较小，卵球形，平均单个鲜质量 7.0g，纵径 2.88cm，横径 2.09cm，种形指数 1.38，假种皮厚 0.35cm，鲜出核率 36.70%，干出核率 73.0%。种核较小，卵球形，表面榧眼2 个，平均单个鲜质量 2.6g，干质量 1.7g，纵径 2.64cm，横径 1.32cm，核形指数 2.00，壳厚 0.08cm，干出仁率 70.00%。种仁平均单个干质量 1.2g，脂肪含量 53.3%，蛋白质含量 13.4%，可溶性糖含量 1.83%。花期 4 月中旬，成熟期翌年 9 月上中旬，与'细榧'一致。炒制后脱衣方便，种仁松脆，品质优。生长快，结实早，抗性强，丰产，盛产期大树单株产量 100kg 榧蒲左右。

9. '美人指'（品种权号 20230718）

为从嵊州市实生榧树林中选育的新品种。常绿乔木。树冠尖塔形，树姿开展，树势旺盛。叶线状披针形，长 2.15cm，宽 0.32cm，叶尖刺明显。花期 4 月上旬，成熟期 9 月上旬，丰产性好。种实稍大，卵球形，平均鲜果重 10.77g，纵径 3.81cm，横径 2.25cm，种形指数 1.69，鲜出籽率 26.8%。种核细长，呈倒卵形，平均质量 2.89g，纵径 3.46cm，横径 1.26cm，核形指数 2.74，壳薄，风干出籽率 72.54%，种仁倒卵形，饱满、实心，种仁含油率 59.1%，蛋白质含量 13.1%，可溶性糖含量 2.94%。在浙江省嵊州市谷来镇海拔 500m、杭州海拔 100m 的山地条件下均生长良好，对气候、土壤等环境条件要求与'细榧'类似。

10. '早珍珠'（品种权号 20230716）

为从嵊州市实生香榧古树中选育的新品种。常绿乔木。树势旺盛。叶线状披针形，2.12cm，宽 0.31cm，叶尖刺明显。花期 3 月下旬，成熟期 10 月上旬，早实丰产性佳。种实圆球形，平均鲜果重 7.98g，纵径 2.52cm，横径 1.44cm，种形指数 1.21，鲜出籽率 33.7%。种核呈近卵球形，平均质量 2.69g，纵径 2.48m，横径 1.42cm，核形指数 1.75，壳极薄，风干出籽率 78.68%，种仁近椭圆形，饱满、实心，扩繁无性系种仁含油率 57.6%，蛋白质 11%，可溶性糖 4.17%。在浙江省嵊州市谷来镇海拔 500m、杭州海拔 100m 的山地条件下均生长良好，对气候、土壤等环境条件要求与'细榧'类似。

（六）新品种推广及应用

'磐安长榧'自 2015 年开始嫁接培育苗木推广栽培，目前，除磐安县本地多点种植外，已推广到浙江省东阳市、诸暨市、龙游县新昌县等地栽培，累计发展面积在 2000 亩以上。随着品种知名度的提升，当前'磐安长榧'鲜种实每千克售价要比普通香榧高 3 倍，同等规格的嫁接苗价格要高 2 倍，市场前景广阔。其他品种的香榧已在磐安多地试种栽培，累计发展面积近 500 亩，后代普遍表现为生长快、结实早、抗性强、丰产性好。

三、柿 *Diospyros kaki*

柿科　Ebenaceae
柿属　*Diospyros*

（一）生物学特性及应用价值

柿为柿科柿属的高大落叶乔木，树冠优美、叶大荫浓，秋可赏叶，冬可观果，是优良的绿化和景观树种。适应性强，耐干旱瘠薄，具有生态效益、经济效益双重功能。素有"铁杆庄稼""木本粮食"的美称，曾在灾荒的年代，作为粮食资源的重要补充，成为产区人民的"命根"，明朝朱元璋更有"霜降柿子救朕命"的切身体会。发展柿树生产，既可绿化荒山、改善气候，又可美化环境。

柿是一年种植多年受益、根系深广发达、经济寿命长的果树，柿果营养丰富，富含糖、蛋白质、胡萝卜素、多种维生素和矿质元素，享有"果中圣品"之誉。除鲜食外，还可干制和用作食品、饮料、医药、化工等行业的原料。现代研究证明，食用柿果及其加工品对提高人体免疫、预防心脑血管疾病、防止便秘和促进消化、益智和美容护肤均有明显功效。柿果生产周期较短，经济效益高，有"一年种植，百年收益"之说，已逐渐成为多地支柱产业。在不断满足人民群众日益增长的对林业多样化需求的同时，也已成为山区人民增收的幸福靠山，已成为"绿水青山"转化为"金山银山"的重要通道；其延长的产业链可极大的缓解农民就业压力，促进农民增收，是助力实现乡村振兴的重要途径。

（二）种质资源及育种进展

1. 资源分布

柿属为柿科最重要的属，全世界共有 500 余种，主要分布于中国、朝鲜、日本、东南亚、大洋洲、北非的阿尔及利亚、法国、俄罗斯部分地区、美国等地。中国、韩国、日本和巴西是柿的传统产区。近年来，西班牙的柿产业规模增长迅速，柿栽培面积由 1992 年的 $6hm^2$ 增加到 2016 年的 $13736hm^2$，20 年来扩大了 2200 倍以上，年产量也已于 2014 年起，超过日本，位居世界主产国第 3 位。其他主要柿生产国还有阿塞拜疆、乌兹别克斯坦、意大利、以色列、伊朗、新西兰等。近期，印度尼西亚、泰国、土耳其、摩洛哥、葡萄牙、德国、斯洛伐克、匈牙利和保加利亚等国家发展热情高涨，柿正从东亚特产逐渐成为一种新的世界性果树。

我国是柿属植物的分布中心和原产地，现有柿属植物 60 种，分布于辽宁西部、长城一线经甘肃南部，折入四川、云南，在此线以南，东至台湾的各地。我国是世界上最早栽培柿的国家，至今已有 2500 多年的栽培历史。新石器时代，野生柿子就已经被古人采集食用，先秦时期，柿果作为供品在贵族间流行，誉为"甘清玉露，味重金液"。唐宋以后，由于嫁接技术进步，柿在我国广泛发展，除黑龙江、吉林、内蒙古、宁夏、青海和新疆外，各省份均有栽培，垂直分布达海拔 1800m。我国柿栽培品种数量已达到 1058 个，柿栽培面积 94 万 hm^2（占世界 91.34%），产量近 400 万 t（占世界 73.28%），均居世界首位，是柿产业中的超级大国（2018 年数据）。

浙江有 10 种，分别为乌柿（*D. cathapensis*）、老鸦柿（*D. rhombifolia*）、油柿（*D. oleifera*）、罗浮柿（*D. morrisiana*）、山柿（*D. japonica*）、君迁子（*D. lotus*）、浙江光叶柿（*D. zhejiangensis*）、柿、延平柿（*D. tsangii*）、小果柿（*D. vaccinioides*）。其中老鸦柿果实成熟时橙黄色至橘红色，极具观赏价值，常被用于制作盆景。

2. 育种进展

柿是倍性高而复杂、遗传上高度杂合、童期长的多年生果树，一般仅开雌花的品种多，选择合适的父本较困难，故常规杂交育种较其他果树更加困难。日本于 1935 年起，经过 80 多年的努力，育成具有推广价值的 11 个完全甜柿品种，同时有计划的筛选出一批芽变品种。1971 年意大利佛罗伦萨大学，率先开展了地中海地区的柿育种工作，但目前，未有优新甜柿品种育成。韩国于 1993 年左右开始进行柿的育种项目，把从日本引入的完全甜柿进行了杂交，目标是选育高品质、大果、早熟的完全甜柿优良品种，近期又选育出早熟完全甜柿新品种'Jowan'。

我国关于柿育种的研究起步较晚，但由于我国是柿的本土国家，种质资源丰富，遗传多样性程度高，尤其是芽变品种甚是丰富，随着现代生物技术的兴起，我国柿育种的研究发展速度迅速，从种质资源普查和收集到资源评价，到育种理论和方法及技术实践，都处于世界领先水平。我国从 1963 年开始对全国柿品种资源进行调查收集，目前已建立国家柿种质资源圃，浙江、湖北、山东、北京等陆续建立了柿地方资源圃。中国林业科学研究院亚热带林业研究所、华中农业大学、西北农林科技大学、河北农业大学等高校和科研院所都建立了自己强大的育种科研团队，在杂交育种、倍性育种、选择性育种等方面获得显著成效，选育了'中华巨柿''鄂柿 1 号''甜盖宝'等柿新品种。

（三）栽培历史及浙江省品种创新

1. 栽培历史

柿在浙江省的分布面积较广，全省 11 个地区 63 个县均有栽培，主要以分散零星栽培为主。浙江省是柿种植、发展的小省，面积、产量不及全国的 5%，主要分布在金华、台州、杭州、宁波、丽水、温州 6 个市，主要的栽培品种有'天台红朱柿''永康方山柿''兰溪大红柿''玉环长柿'等。目前浙江已知收集保存的柿品种有100多个，还有大批柿农家品种资源散生于各地。但由于经济效益较低，各农家优良柿属资源萎缩严重，许多柿主产区因为经济效益不明显而改种其他作物。

2. 品种创新

浙江省虽然涩柿栽培面积较小，但得益于科研力量的加持，浙江的甜柿产业走在全国的前列。中国林科院亚林所自20世纪80年代开始甜柿引种和选育工作，经过十几年的攻关，筛选出兼具"苹果的脆、梨的水分、哈密瓜的香甜"的'太秋'等甜柿良种4个。现'太秋'甜柿浙江省栽培面积有1000余hm²。

但这些高品质甜柿品种，对嫁接砧木要求严格，与常用砧木君迁子、浙江柿等嫁接不亲和，容易造成导管阻塞、根系衰退的现象，在嫁接2~3年幼树进入结果期后，表现出生长衰退、花芽大量形成、枝组大量枯死、果形小、品质差的问题，成为制约我国柿产业良性发展的瓶颈问题。针对'富阳''太秋'等甜柿嫁接过程中的不亲和现象，中国林科院亚林所龚榜初团队于20世纪80年代开始系统投入专项育种资金，强化育种技术攻关和品种创新，开展了柿砧木种质资源调查、收集和引种。以选育亲和性强、抗逆性强（耐寒、耐病虫害）、适应性广的品种等为目标，从60多个类型中筛选出'亚林柿砧1号''亚林柿砧2号''亚林柿砧6号''亚林柿砧7号'4个甜柿广亲和性砧木新品种，以其为砧木嫁接的'太秋'甜柿体现了很好的亲和性和生长一致性，且生长好，根系发达，亲和性稳定，稳产高产，在国内率先解决了'富有'系品种的砧木问题，突破了优良甜柿快速发展的瓶颈，使优良甜柿可以应用于生产。

（四）柿砧选育和栽培管理

1. 选育技术

中国林科院亚林所从20世纪80年代开始，持续开展了'富有''太秋'（富有为母本杂交育成）甜柿的砧木选择试验。利用7个柿属植物20种类型62份野柿资源作为砧木，开展甜柿亲和性砧木选育研究，从中选育出种子多、出苗率高、子代生长势强的30个候选单株。对该30个候选半同胞家系，进行"富有系"甜柿品种嫁接亲和性指标的子代测定，综合亩产等指标选出6个嫁接甜柿亲和性好的砧木优良家系。将这6个优良家系嫁接'太秋'甜柿，分别和普通砧木为砧的'太秋'甜柿一起，在浙江富阳、兰溪、东阳、江山、安吉、福建闽侯、江西余江等地营建1000余亩'太秋'甜柿砧木区域对比试验林，结合多年调查观测指标选育出与'太秋'甜柿嫁接亲和的砧木品种。

2. 栽培管理

柿砧木种子10月中下旬成熟，采集充分成熟的果实，除去果肉和其他杂质，洗净种子并阴干。阴干种子进行沙藏（层积处理）或干藏。沙藏温度 3~15℃。冬季苗圃地施入有机肥 45000~60000kg/hm^2，深耕 20~30cm。春播前用 45~50℃温水浸种处理，播种量每公顷约 225kg，覆细土后再覆盖草料、地膜。容器苗，每个容器播 2~3 粒种子。幼苗出土 8%~15% 时，逐渐除去覆盖物。长出 2~3 片真叶时进行定苗或移栽，每公顷留苗量约 15 万株。苗期应及时防治炭疽病、角斑病、柿梢鹰夜蛾等病虫害。5~7 月结合浇水追施氮肥 1125~1500kg/hm^2。7 月下旬追施速效复合肥 2250~3750kg/hm^2。9 月中旬后，控肥控水，并及时中耕除草。

（五）新品种介绍

1.'亚林柿砧 1 号'（品种权号 20180034）

从柿实生群体选育而成的新品种。为甜柿亲和性砧木。树势强，树体直立。1 年生枝条灰褐色，冬芽三角形。叶椭圆形，基部楔形，果实近圆形，平均重 45g，果面橙黄色。柿蒂平坦或微凸，外部具有皱纹或断续的同心环纹，萼片心形，果实横断面圆形。种子 6~8 枚，10 月底果实成熟。适宜我国长江以南的广大南方种植，土壤酸性，北方地区适应性有待观测。

2.'亚林柿砧 2 号'（品种权号 20180033）

从柿实生群体选育而成的新品种。为甜柿亲和性砧木。树势强。1 年生枝条褐色。叶长椭圆形。果重 30g，近圆形，果实横切面圆形，果顶圆，柿蒂方形，具有皱纹或断续的方形环纹，萼片扁三角形，成熟期 11 月下旬至 12 月上旬，晚熟。适宜我国长江以南的广大南方种植，土壤酸性，北方地区适应性有待观测。

3.'亚林柿砧6号'（品种权号20180077）

从柿实生群体选育而成的新品种。为甜柿亲和性砧木。树势强。1年生枝条灰褐色。叶片椭圆形。果实圆球形，平均重22.6g，萼片较大，柿蒂微凸起，圆形，具有柔和的环纹，绿色。果肉橙黄色，种子5~8枚，种子饱满，半月形。果实10月中下旬成熟。适宜我国长江以南的广大南方种植，土壤酸性，北方地区适应性有待观测。

4.'亚林柿砧7号'（品种权号20180078）

从柿实生群体选育而成的新品种。为甜柿亲和性砧木。树势强。果实圆球形，平均重31g，果顶平坦，萼片较大，果实横断面圆形。果肉橙黄色，种子6~8枚，种子饱满，卵形。果实11月中旬至12月上旬成熟。适宜我国长江以南的广大南方种植，土壤酸性，北方地区适应性有待观测。

（六）推广及应用

1. 品种推广成效和获奖情况

选育的'亚林柿砧'系列2021年通过浙江省审定，成为我国首个柿砧木品种，甜柿进入砧木品种化时代。其中'亚林柿砧6号'率先突破了国内甜柿嫁接砧木技术瓶颈，首次在我国实现砧木品种化、良种化，目前全国80%的'太秋'甜柿应用着该砧木。在全国19个省份进行大面积示范推广，表现良好，深受柿农喜爱，在服务乡村振兴中发挥了重要作用，并在央视、新华网、人民网、科学网、光明日报、今日头条、浙江新闻等媒体大量宣传报道，全国反响巨大。2023年9月'亚林柿砧6号'荣获第一届浙江省知识产权（植物新品种）二等奖。

2. 新品种运用情况

甜柿优良品种对砧木要求很严，致使一些良种产业化进程慢，以'亚林柿砧'系列嫁接的'太秋'甜柿嫁接苗，目前市场售价35~50元/株，仍呈供不应求的态势，极大地提升了柿种苗价格。以'亚林柿砧'系列嫁接的'太秋'甜柿，盛果期平均亩产稳定在2000~2500kg，与普通砧木的嫁接苗相比，亩产可提高60%以上。按'太秋'甜柿目前市场售价60~70元/kg计算，平均亩收益增加4.8万~6万元，经济效益差距显著。

在浙江省内新品种应用成功后，逐步向潜在适应区扩大，在全国建立示范林3500余亩，示范林每亩收入3万~5万元，示范效果显著，积累了新品种应用推广经验。以'亚林柿砧系列'嫁接的'太秋'甜柿，目前在沿海地区售价40~80元/kg，亩收入2

万 ~5 万元，甚至高达 8 万 ~10 万元，成功打造出"一亩山万元钱"科技富民模式，出现一批甜柿年收入 70 万 ~100 万元，甚至 200 多万元的种植大户，实现了"绿水青山"就是"金山银山"。在浙江还评选出 5 个全省"一亩山万元钱科技富民新模式高质量示范基地典型案例"，在赣南苏区实现甜柿种植仅 4 年亩收入 4000 多元，贫困户年增收 2200 元，甜柿成为赣南乡村振兴产业。目前全国正掀起快速发展的高潮，全国 19 个省份推广应用'亚林柿砧'嫁接的'太秋'甜柿约 7 万亩、投产近 2 万亩，甜柿已成为多地乡村振兴和共富的重要产业。

参考文献

阿布都克尤木·阿不都热孜克，古丽米拉·艾克拜尔，徐麟，等，2022.我国农业植物新品种保护发展回顾、现状分析及发展建议 [J].中国农业科技导报，24（9）：1–11.

敖礼林，邹珠妹，敖德华，2021.茶花优质扦插苗培育关键技术 [J].科学种养，37（7）：31–33.

蔡家瀚，翁浪仁，齐英，等，2024.岗梅化学成分、药理作用及质量控制的研究进展 [J].中华中医药学刊，42（3）：24–35.

陈红星，张苏炯，张国安，等，2018.磐安榧树不同类型种实性状比较研究 [J].浙江林业科技，38（6）：19–28.

戴文圣，黎章矩，喻卫武，等，2009.图说香榧实用栽培技术 [M].杭州：浙江科学技术出版社：1–69.

冯国楣，1988—1999.中国杜鹃花：第1–3册 [M].北京：科学出版社 .

高樟贵，张敏，厉锋，等，2018.香榧病虫害研究进展 [J].浙江林业科技，38（5）：98–104.

耿玉英，2008.中国杜鹃花解读 [M].北京：中国林业出版社 .

龚榜初，王劲风，1997.柿不同砧木生物学特性的 [J].经济林研究，15（1）：9–13.

龚洵，张国莉，潘跃芝，等，2003.含笑新品种——雏菊含笑和春月含笑 [J].园艺学报，30（2）：251.

龚洵，张国莉，潘跃芝，等，2003.含笑新品种——郁金含笑、丹芯含笑和沁芳含笑 [J].园艺学报，30（1）：123.

胡淼，王义华，杨茂霞，等，2020.观赏樟树研究进展 [J].江西科学，38（6）：846–850.

胡挺进，彭春生，2003."京玉兰"的育种研究 [J].湖北林业科技（3）：1–5.

黄红宝，何应会，黄欣，等，2022.铁冬青叶绿体全基因组及系统进化分析 [J].农业研究与应用，35（5）：7–14.

黄宏文，2016.中国迁地栽培植物志 [M].北京：科学出版社 .

黄宏文，2022.中国迁地栽培植物志：杜鹃花科 [M].北京：中国林业出版社 .

姜景民，李霞，盛能荣，1999.木兰科木兰属、含笑属植物杂交授粉技术的初步研究 [J].林业科学研究，12（2）：214–217.

姜景民，2006.木兰科植物种质资源评价和乐昌含笑品种选育研究 [D].北京：中国林业科学研究院 .

黎章矩，程晓建，戴文圣，等，2004.浙江香榧生产历史、现状与发展 [J].浙江林学院学报（4）：113–116.

李菊丹，陈红，2016.新《种子法》对我国植物新品种保护的积极作用与局限 [J].法学杂志，7：70-78.

李菊丹，崔野韩，2021.国际植物品种新颖性判断规则的发展及其借鉴 [J].江汉学术，40（5）：38-49.

李菊丹，2020.国际植物新品种保护制度的变革发展与我国应对 [J].知识产权，1：59-71.

李明，张龙杰，石萌，等，2016.光照敏感型新梢白化茶新品种'御金香'春梢化学成分研究 [J].茶叶，42（3）：146-149.

李明，张龙杰，吴颖，等，2020.叶色紫化茶品系分类和鉴定研究 [J].茶叶，46（4）：213-217.

刘军，姜景民，姚颖泰，等，2014.含笑新品种'花好月圆'[J].林业科学，50（12）：169.

刘玉壶，罗献瑞，吴容芳，等，1996.中国植物志：第30卷，第1分册 [M].北京：科学出版社 .

刘玉壶，夏念和，杨惠秋，1995.木兰科（Magnoliaceae）的起源、进化和地理分布 [J].热带亚热带植物学报，3（4）：1-12.

刘玉壶，2004.中国木兰 [M].北京：北京科学技术出版社 .

罗正荣，张青林，徐莉清，等，2019.新中国果树科学研究70年——柿 [J].果树学报，36（10）：132-138.

马履一，陈发菊，桑子阳，等，2017.红花玉兰新品种选育及产业升级关键技术 [Z].三峡大学 .

梅洪鹃，马瑞君，庄东红，2014.指纹图谱技术及其在植物种质资源中的应用 [J].广东农业科学（3）：159-164.

裴忺，张青林，郭大勇，等，2015.完全甜柿遗传改良研究进展 [J].果树学报，32（2）：313-321.

彭收，2022.救必应和山乌桕的化学成分和药理活性研究 [D].上海：中国科学院大学（中国科学院上海药物研究所）.

钱燕萍，田如男，2016.冬青属种质资源及其园林应用研究进展 [J].世界林业研究，29（3）：40-45.

裘宝林，陈征海，1989.浙江木兰属新种 [J].植物分类学报，27（1）：79-80.

邵文豪，姜景民，董汝湘，等，2015.含笑新品种'梦缘'[J].林业科学，51（10）：155.

邵文豪，姜景民，董汝湘，2016.含笑新品种'梦星'[J].园艺学报，43（6）：1219-1220.

邵文豪，姜景民，董汝湘，2015.含笑新品种'梦紫'[J].园艺学报，42（9）：1863-1864.

施德法，2021.茶花资源及其应用推广研究 [J].园林，38（4）：2-7.

宋晓青，张冬林，2020. 冬青属植物在美国园林景观中的应用研究 [J]. 安徽农业科学，48（20）：108-110.

王豪，张波，陆云峰，等，2019. 香樟新品种'御黄'[J]. 园艺学报，46（S2）：2924-2925.

王建军，2015. 香樟新品种'霞光'[J]. 林业科学，51（6）：163.

王建军，2010. 香樟新品种'涌金'[J]. 林业科学，46（8）：181.

王晶，王先磊，赵强民，等，2014. 木兰科植物杂交育种研究进展 [J]. 安徽农业科学，42（16）：5084-5087.

王晶，岳琳，王亚玲，2020. 中国玉兰资源及其繁育技术 [J]. 园林（5）：12-16.

王晶，赵强民，高泽正，2019. 含笑属 Michelia 新品种'香绯'和'香雪'的选育 [J]. 广东园林，6：53.

王开荣，2020. 彩色茶树让茶产业前景更美好 [N]. 农业考古（2）：51-54.

王亚玲，李勇，张寿洲，等，2003. 几种玉兰亚属植物的 RAPD 亲缘关系分析 [J]. 园艺学报，30（3）：299-302.

王亚玲，李勇，张寿洲，等，2006. 用 matK 序列分析探讨木兰属植物的系统发育关系 [J]. 植物分类学报，44：135-147.

王亚玲，刘立成，张寿洲，等，2020. 木兰资源保护、创新及产业化推广 [J]. 中国科技成果，21（24）：18-19，23.

王亚玲，张寿洲，崔铁成，2002. RAPD 技术在玉兰亚属植物分类研究中的应用 [J]. 西北植物学报，22（8）：79-86.

王亚玲，张寿洲，崔铁成，2003. trnL 基因及 trnL–trnF 间隔序列在木兰科系统发育研究中的应用 [J]. 西北植物学报，23（2）：247-252.

王亚玲，张寿洲，李勇，等，2005. 木兰科 13 个分类群和 12 个杂交组合的染色体数目 [J]. 植物分类学报，43：545-551.

浙江省林业局，2020. 浙江省主要经济树种生态高效栽培技术手册 [M]. 杭州：浙江科学技术出版社.

吴颖，胡剑光，郑新强，等，2020. 紫化和黄化茶树品种叶色色差研究 [J]. 茶叶，46（1）：20-23.

严晓素，朱春艳，吴月燕，2022. 杜鹃——花中此物是西施 [J]. 浙江林业，4：22-23.

姚惠明，2022. 四季茶花新品种在都市绿化空间设计中的应用 [J]. 南方农业，16（14）：42-44.

姚小华，2002. 樟树遗传变异与选择的研究 [D]. 长沙：中南林学院.

叶创兴，叶银珠，2013. 我国茶花育种展望与建议 [J]. 广东园林，35（2）：52-55.

易同培，杨林，隆廷伦，2006. 榧属（红豆杉科）一新种——四川榧 [J]. 植物研究（5）：513-515.

游慕贤，游鸣飞，2018. 高效率茶花育种 [J]. 中国花卉园艺，45（10）：33-34.

曾令海，连辉明，张谦，等，2012.樟树资源及其开发利用 [J].广东林业科技，28（3）：62-66.

张骏，龚榜初，胡秋涛，等，2023.甜柿在浙江山区跨越式高质量发展中的潜力分析 [J].浙江农业科学，64（4）：820-823.

张龙杰，李明，王开荣，等，2021.茶树快速育苗方法研究 [J].茶叶，47（1）：5-8.

张庆宝，申亚梅，范义荣，2008.木兰属（Magnolia）观赏植物育种现状及育种策略 [J].江苏林业科技（6）：46-48.

张序，刘雄芳，万友名，等，2019.杜鹃属植物自然杂交研究进展 [J].世界林业研究，32（6）：20-24.

赵慈良，赵延涛，田文斌，等，2016.浙江普陀山台湾蚊母树的种群结构与点格局 [J].福建林业科技，43（3）：39-45，61.

李明，张龙杰，石萌，等，2016.遮光对光照敏感型新梢白化茶春梢化学成分含量的影响 [J].茶叶，42（3）：150-154.

浙江植物志编辑委员会，2021.浙江植物志新编 [M].杭州：浙江科学技术出版社.

郑勇奇，张川红，等，2023.植物新品种保护概论 [M].北京：中国农业出版社.

中国科学院中国植物志编辑委员会，1993.中国植物志 [M].北京：科学出版社.

中国植物志编委会，1988.中国植物志：49（3）[M].北京：科学出版社.

中国植物志编委会，1988—1999.中国植物志：60（1）[M].北京：科学出版社.

周鹏，祝亚云，刘博，等，2022.中国冬青属物种多样性空间格局 [J].中南林业科技大学学报，43（5）：126-132.

Hu J G, Zhang L J, Sheng Y Y, et al, 2020. Screening tea hybrid with abundant anthocyanins and investigating the effect of tea processing on foliar anthocyanins in tea [J]. Folia Horticulturae, 32（2）: 279-290.

Hwan Y S, Rui Y, Long Y S, et al, 2018. Light-sensitive Albino Tea Plants and Their Characterization [J]. HortScience, 53（2）: 144-147.

Li N, Liu Y, Zhao Y, et al, 2016. Simultaneous HPLC Determination of Amino Acids in Tea Infusion Coupled to Pre-column Derivatization with 2, 4-Dinitrofluorobenzene [J]. Food Analytical Methods, 9（5）: 1307-1314.

Liang Y, Shin Y, Zhang L, et al, 2019. Advances in tea plant breeding in China [J]. Agriculture &Amp Food, 7（1）: 1-10.

Lu F Y, Chen L Z, He G A, et al, 2022. Torreya dapanshanica（Taxaceae）, a new species of gymnosperm from Zhejiang, East China [J]. PhytoKeys, 192（192）: 29-36.

Xu Z, Wei H, Li M, et al, 2024. Impact of Chromosomal Fusion and Transposable Elements on the Genomic Evolution and Genetic Diversity of Ilex Species. [J]. Plants（Basel, Switzerland）, 13（18）: 2649-2649.